U0200467

我国环境治理
跨区域财政合作机制研究

冯梦青 ◎ 著

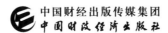

中国财经出版传媒集团

中国财政经济出版社

教育部本科教学工程"财政学专业综合改革试点"
资助项目（项目编号：ZG 0340）

随着我国工业化、城镇化与国际化进程的不断加快，经济社会发展中出现了一系列不协调、不可持续的问题。各类复杂的、相互纠葛的公共事务超越了行政区划的限制成为区域性议题，原有的行政区划已难以应对日益复杂多变的区域性公共问题，尤以跨区域环境污染问题为重。地理要素的流动性导致环境污染边界与行政边界产生偏差，日益频发的跨行政区环境污染事件反映了地方政府个体理性与区域环境生态恶化非理性结果之间的矛盾。不同区域间污染问题的高度渗透性与不可分割性为单一行政区污染治理模式带来极大挑战。此外，经济发展水平的差异也导致地区间财政能力的不同，进而导致基本公共服务水平的非均衡。因此，在环境问题的空间性、整体性与复杂性背景下，地方政府间需要从"分而治之"走向多元化的伙伴协作。

党的十八届三中全会明确指出"财政是国家治理的基础和重要支柱"。地方政府间财政合作在财税政策、资金筹措和资金分配方面具有较强的调节和支配能力，对于缩小地区间财政能力差异、协调地区间环境治理行为、维持环境治理跨区域合作的长期性与稳定性具有较大的影响作用。然而，各辖区基于个体价值与利益诉求，对经济利益最大化的追求加剧了地区间的资源竞争与财政竞争，致使地区间财政合作对环境治理的促进作用被削弱。因此，如何打破现有行政区划的限制，协调不同主体间的利益关系，转变地区间竞争观念，形成合作竞争的理念以及制度化的跨区域财政合作，从而有效发挥财政在区域环境治理中的重要促进作用；如何避免环境政策执行不力与合作破局问题，促使相关主体在充分信任的基础上实现对话与合作，成为本书的核心议题。基于此，本书沿着"理论研究—现实考察—实证分析—经验借鉴—对策研究"的技术路线，对跨区域财政合作对环境治理的促进作用进行了系统研究，从理论上明确了环境治理跨区域财政合作的必要性，根据相关实践经验深入剖析了跨区域财政合作的影响因素，进而在归纳总结国际先进经验的基础上，构建出以"联合预算""协同收支体系""完善转移支付体系"为核心的跨区域财政合作制度化路径。主要研究内容如下：

第一，环境治理跨区域财政合作的理论基础。以环境治理、跨区域财政合作的内涵界定为起点，阐述环境治理跨区域财政合作的理论基础。在概念界定的基础上，从区域公共品理论、外部性理论、博弈论、政府间关系理论、环境治理事权与支出责任理论五个方面论证了环境治理跨区域财政合作的必要性。从环境治理跨区域财政合作的动力、模式、体系以及跨区域财政合作促进环境治理的作用机理四方面深入剖析了跨区域财政合作对环境治理的影响机制。

第二，环境治理跨区域财政合作现状。以京津冀、泛珠三角和长三角地区为例，从区域环境污染现状、污染治理政府间合作顶层设计以及合作现状三方面分析了我国环境治理跨区域财政合作现状。专门的协调机构、共同的行动规范准则、透明的信息管理平台有效推动了合作的达成。

第三，环境治理跨区域财政合作问题分析。虽然，我国环境治理跨区域合作相应的机制构建已初具模型，但运动式治理失灵、碎片化问题严重、利益协调机制不完善、生态环境合作机制松散等问题仍不容忽视，这些问题构成了我国环境治理跨区域财政合作的现实困境。本部分从地方政府合作理念、分割型的管理体制、地方政府财政合作保障机制三个层面深入剖析了环境治理跨区域财政合作的影响因素。具体而言，地方政府合作理念主要受到压力型体制下地方政府利益最大化追求、政治晋升的激励机制和环保领域硬性指标的影响；分割性管理体制对地方政府协作的限制主要体现在行政区划的刚性约束、环境管理体制的局限和现有协调机构权威性不足三方面；除此之外，分权财政体制下的财政约束、信息共享机制不完善、法规标准缺位和不协调、各监督与惩罚机制缺失等保障机制的不足也影响了地方政府间财政合作的实现。

第四，环境治理跨区域财政合作模拟运算。环境治理是政府责任担当的重要方面，本部分基于公众环境需求、政府能力范围以及相关关系协调三方面划分了中央财政、地方财政的支出责任。中央财政负责从宏观全局的层面主导全国范围的环境治理与生态保护，例如，防范未知环境风险、处理应对突发性生态环境事件、建设具有较强外溢性的生态环境基础设施等投资项目。

地方政府承担本辖区的环境责任，与此同时，依托生态功能区规划界定政府间环境事权，基于"谁污染、谁治理""谁受益、谁补偿"原则平衡地区间差异，推动区域合作。在确定了各级财政支出责任的基础上，建立回归模型，着重分析了环境保护财政支出的影响因素，实证结果表明，财政分权与政府竞争的增大改变了地方政府的环境保护偏好，导致地方政府环境保护财政支出不断减少。紧接着，从生态补偿横向转移支付的功能、建立依据、资金来源归属和可行性四方面深入分析了基于生态补偿的环境治理横向转移支付。生态补偿横向转移支付能够有效降低交易成本，提高资源的社会经济效益，提高生态补偿资金的使用效率。该制度建立的原则是受益者补偿（破坏者付费）、权利与责任对等、公平性与差异性。资金来源归属上，从受益角度、公平发展角度提出完善中央政府和受益地区财政生态补偿资金共担机制，建立以横向转移支付为主、纵向转移支付为辅的生态补偿机制。最后，基于排污权交易和成本法分别测算了长江流域和京津冀地区生态补偿额度，为地区间生态补偿横向转移支付提供参考。

第五，环境治理跨区域合作国际经验。在对有关温室气体减排的国际行动，美国、巴西、欧洲和东北亚地区在环境治理跨区域合作中的先进经验进行梳理的基础上，归纳总结出不同国家和地区环境治理跨域合作的共同特征。主要有重视政府间合作、拥有充足的财政保障、建立权威的协调机构、具备完善的法律制度、借助先进的技术支持，为我国环境治理跨区域合作提供环境治理理念、机构设置和制度保障等方面经验借鉴。

第六，提出构建环境治理跨区域财政合作运行机制建议。科学归纳出"生态优先、公平正义、共同但有区别"作为环境治理跨区域财政合作的总体原则；提出弥补市场"失灵"、通过横向支付实现基本公共服务均等化的功能定位；提出通过转变竞争观念、增进环境治理跨区域合作共容利益、增强府际社会资本三方面培育地方政府间合作理念；通过构建整体性组织系统、促进环境治理地方政府间利益平衡、完善相关法律法规、健全政府考核体系、建立健全一体化生态问责机制五方面推进环境治理地方政府间协商合作，为环境治理跨区域财政合作奠定基础；在此基础上，进一步提出从构建区域财政合作预算体系、协调区域财政合作支出体系、完善环境保护财政转移支付体系、建立有效的监督约束机制、建立多元主体合作机制五个方面建构制度化的环境治理跨区域财政合作运行机制的政策建议。

目 录

第一章 导 论

第一节 选题背景与研究意义

党的十九大报告明确指出"生态文明建设是中华民族永续发展的千年大计"。推进生态文明建设和生态环境保护，是满足人民日益增长的优美生态环境需要，也是实现可持续发展、人与自然和谐相处的必然要求。虽然，我国生态文明建设工作取得了一定进展，但不可否认的是生态环境依然是我国发展的短板。随着我国经济的跨越式发展，环境污染问题也日益凸显。2020年，全国337个地级及以上城市中，有135个城市环境空气质量超标，占40.1%，若不排除沙尘影响，该比例则为43.3%；337个城市累计发生严重污染345天，重度污染1152天；465个监测降水的城市（区、县）酸雨频率平均为10.3%，相比2019年上升0.1个百分点①；长江、黄河等水系也都存在不同程度的污染。大气、流域水污染等问题，折射的不仅仅是环境问题、民生问题，还是发展问题，更是深层次的治理问题。环境污染的负外部性与环境治理的正外部性使得市场难以实现生态环境的最佳治理，因此，就需要政府通过公共手段加以干预。然而，我国环境治理长期以来实行的是以行政区域为主的属地管理模式，这种模式割裂了区域的整体利益，制约了跨区域环境治理能力，加剧了区域环境治理的碎片化问题。单一行政区污染治理模式与环境污染外部性之间的矛盾，迫切需要我们探索更加有利于资源共享、协调联动的新型环境治理机制。

环境治理跨区域财政合作是解决区域环境治理公共性与外部性的需要，

---

① 数据来源：《2020年中国生态环境状况公报》。

是平衡地区间利益关系的需要，是地方政府职能转变的需要，也是弥补和缩小地方政府财政能力差距的需要。本书打破传统环境治理模式中条块分割的壁垒，探索互利共赢的财政合作机制。地方政府间长期、全面的合作，必将充分体现在地方政府之间的财政往来活动之上，进而表现出地方财政合作。地方政府财政合作制度对于完善治理体系、提升治理能力具有至关重要的作用，并且财政维度的合作更加有利于推动行政维度以及更深层次的合作。因此，无论是在理论上还是实践上，本书都具有一定的意义。

一、理论意义

一是充实了协同治理理论。目前国内学者对于协同治理理论的研究大多集中于其含义、逻辑机理和实践机制等方面，对于协作性环境治理的研究相对较少。环境治理的跨区域财政合作机制研究，可以说是区域经济一体化进程中的治理机制和制度模式的一种有益探索。作为协同发展的顶层设计，财政合作机制的研究是对协同理论的补充和完善。

二是完善了环境治理的跨区域财政合作机制。区别于传统意义上的条块分割、单一主体的环境治理模式，本研究特别强调区域间由竞争走向合作，由一般行政合作走向更高层次的财政合作，强调跨区域财政合作对于环境治理至关重要的作用。

三是以环境治理为载体研究政府间事权与支出责任划分。理论上，对环境造成损害的污染者应当承担环境治理的成本，为此，有必要明确环境治理的责任意识。在此基础上，强调政府治理责任和规则责任。这在一定程度上丰富了环境治理主体和支出责任理论。

二、现实意义

一是从财政合作视角为我国环境治理提供政策建议。当前，政府在生态保护和环境治理中仍处于主导地位。加强政府间的合作，尤其是财政层面的合作，对于推进区域内的环境管理制度建设和政策实施可以说是十分有利的。与此同时，地区间由竞争走向合作也有助于降低环境治理成本，提高环境治理资金使用效率，实现互利共赢。

二是探索环境治理多元合作机制。在深化区域财政合作的基础上，本书将探索多元主体的合作机制，探寻区域环境多层次的治理模式。这对于改善区域生态环境具有一定的现实意义。

三是为我国财税体制改革提供政策建议。党的十九大报告中明确指出要理清各级政府的事权和支出责任。环境治理是我国目前突出的区域性公共品供给问题。以此为契机，深入研究纵向政府间和横向政府间的事权与支出责任，提供相关改革可行的政策建议。

第二节　相关文献综述

一、有关环境治理的研究

（一）环境治理策略研究

一是合作式环境治理研究。从 20 世纪末开始，学者们开始关注合作式环境治理模式。Halkos（1993，1994，1996）先后对比分析了不同收费标准、不同污染控制目标下的相同污染物所用的成本，他发现，经济手段比统一标准的直接管制手段更有效。基于此，他为欧洲制定了排放控制策略的优化模型，通过模型估算出不同合作政策的国家收益，继而在博弈理论的基础上，建立了合作与非合作均衡情况下的显式和隐式模型。Scholtz（2004）和 Scott（2010）都提到了国际环境合作治理中的碎片化问题。为此，学者们认为可以制定统一的环保准则和法律，成立专门的环保机构以加强管理，提高环境管理制度的有效性，进而推动国际合作。Lee 等（2011）认为，基于生物多样性损失和生态系统服务价值，地区和国际合作是必要的。合作的过程包含目标的设定、支持机制的建立以及可用资金的安排。随着我国跨区域环境污染问题的日益严重，国内学者也开始关注环境污染的合作治理。黄爱宝（2009）认为府际环境治理本质上应当是一种合作治理。田丰（2013）认为地方分割治理模式是导致我国跨流域水污染日益严重的主要因素。基于此，作者认为应当树立府际环境合作理念，设计府际环境合作制度以增强环境合作的有机性，提升环境治理行为的效率和效能。于溯阳和蓝志勇（2014）从属地治理模式的缺陷出发，以网络治理理论为基础，提出建立协调和合作机制，用以协调中央政府和地方政府、地方政府之间、政府与企业三对关系。

二是区域生态环境协同治理研究。我国生态环境建设中政府单中心的路径依赖（余敏江，2013），地方政府的自利化倾向（李正升，2014），"政府失灵""市场失灵"和"志愿失灵"（陶国根，2014）等问题，治理主体间复杂的利益关系以及各主体认知和行为的偏差，使得协同治理成为推进生态文明建设的必然要求。然而，信任关系缺失、合作模式未定、法律法规不健全、利益补偿机制缺失、合作治理机构组织化程度低等（李永亮，2015）构成了我国府际协同治理污染的现实困境。基于此，有必要建立以政府为主导的跨区域环境管理协调机制，加强各行政区政府间的合作，并以此促进企业、公众以及社会团体间的交流。在具体实现路径上，首先应当明确政府在环境污染问题协同治理中的角色定位（周学荣和汪霞，2014），其次应完善跨行政区环境管理体制，完善跨行政区环境管理政策，完善跨行政区环境管理支撑体系（马强等，2008），使得区域环境、经济、产业、交通等各个领域的合作能够相互衔接、健康发展。

三是生态补偿研究。我国的生态补偿最初指对生态环境的破坏者进行收费，即对行为主体损害生态环境所带来的外部不经济行为征收"生态补偿费"。随着生态补偿内涵的拓展，这一定义涵盖了对生态环境保护者的补偿。学者们从生态学、经济学、法律等各个角度阐述了生态补偿的概念，虽然表述方式不一，但"对生态环境的破坏者或受益者进行收费，对保护者给予补偿"的基本思路得到学界的普遍认可（王金南等，2006；刘桂环等，2006；李文华和刘某承，2010）。国外并没有"生态补偿"的说法，通常将其称为生态/环境服务费（Payment for Ecological/ Environmental Services，PES）、流域服务费（Payment for Watershed Service，PWS）等，比较常用的是生态/环境服务费的概念。Wunder（2005）以五个基本原则为基础给出了PES的定义，他认为"生态环境服务是一种自愿性的交易，具有明确界定的环境服务，包含一个以上的生态环境服务的购买者与提供者，只有当生态服务的提供者按照规定提供了足额的生态服务时才付费"。关于生态补偿的标准，主要有生态服务系统价值（金波，2010）、污染治理实际投入（潘竞虎，2014；刘春腊等，2014）、生态保护与治理成本（刘桂环，2015）等。除此之外，Matthies 等（2015）认为价格风险和社会边际成本也应考虑在内。生态补偿标准的评估方法有成本—效益分析法、条件价值评估法等。关于生态补偿的实现，学者们主要从政府补偿和市场补偿角度予以论述。政府补偿包括财政转移支付、生态补偿基金、生态税费等（胡小飞，2015）；市场补偿包括排污权交易（Hung 和 Shaw，2005；于术桐等，2009；Park 等，2011）、水权交易（杨永生等，2011）和碳汇交易（李敏，2012）等。政府补偿与市场补偿各有其特点，在制度运行成本方面，市场补偿的成本低于政府补偿；但是在交易成本方面，市场补偿的成本高于政府补偿（孔德帅，2017）。关于生态补偿的效果评估，学者们主要采用模糊评价法（余亮亮和蔡银莺，2014）、数据包络分析法（陈祥有，2014）、倾向值匹配法（徐大伟和李斌，2015）等，评估方法不同，评估结果也不尽相同。

四是多中心治理研究。多中心治理（Polycentric Governance）的概念最早是由诺贝尔经济学奖的获得者埃莉诺·奥斯特罗姆（1990）提出来的，她认为解决公共事务，单独依靠政府或者市场是行不通的，从理论与案例的结合上，她提出通过自治组织管理公共物品的新途径，即通过多种组织和多种机制（多中心主义）管理公共事务。环境的多中心治理源于人们对全球性环境问题的关注。朱锡平（2002）认为只有通过政府、市场与公民共同努力才能确保环境保护制度趋于成熟。欧阳恩钱（2006）认为环境多中心治理的制度需求源于政府对环境问题解决的失败。肖建华和邓集文（2007）认为，生态环境治理中"市场失灵"和"政府失败"激发了多中心环境治理的制度需求，公民社会自治力量的增强构建了环境公共事务多中心治理模式的可行性。多中心治理的主体包含政府、环保 NGO、企业、公众和农村社区等（匡立余和黄栋，2006；韩从容，2009），不同主体之间的地位是平等且互为补充的（林美萍，2010）。然而，张文明（2017）认为，多中心治理作为一种基本理念，还面临诸多挑战，一是还没有形成共同认知的价值观，二是缺乏专门的机构来推动"多元共治"。在多中心治理模式的实现路径上，吴坚（2010）提出以管理协商、参与协商、制度协商和监测协商机制为基础，构建包含中央政府、地方政府和民间自主组织"三大支柱"在内的跨界水污染区域公共治理体系。汪泽波和王鸿雁（2016）提出建立政府、企业、民众和非政府环保组织"四中心"菱形架构体系。谭斌和王丛霞（2017）提出从行政指导机制、市场机制和公众参与机制三方面完善多元共治制度机制，与此同时，政府构建监督平台和监督渠道，以确保社会公众有效行使监督权。

五是整体性治理研究。整体性治理（Holistic Governance）兴起于20世纪90年代中后期，是对传统科层治理和新公共管理的反思，也是对新公共管理运动所带来的政府管理碎片化的回应。希克斯等（2002）指出，整体性治理是政府各部门之间以公共需求为导向，通过沟通合作解决公私部门关系和信息系统碎片化问题，最终实现各部门间有机协调和信息共享，为公民提供连续、非间断公共服务的治理模式。涂晓芳和黄莉培（2011）认为整体政府的核心特征是合作的"跨界性"，与西方国家"自下而上"的形式不同，我国的公众参与大多是政府主导下的"自上而下"形式，公众参与环境治理的意识较弱，参与程度低，政府其他非政府组织、公民等的合作关系有待加强。此外，作者认为我国当前的环境治理还存在目标分散、机构设置不合理，跨地域治理机构缺乏，环境保护相关法律体系不健全等问题。万长松和李智超（2014）认为环境资源的外部性和空间外延性决定了区域环境保护的整体性，仅仅依靠一个政府部门是不能解决的，因此，需要探索京津冀地区环境整体性治理的新模式。对于如何实现整体性治理，吕建华和高娜（2012）提出建立整合协调的环境管理体制、统一的执法力量和一体化的环境管理信息平台以解决我国海洋环境管理部门分立、多头管理等问题，推动我国海洋环境管理体制改革。黄韬（2013）从功能的整合、层级的整合、公私部门的整合三方面论述了淮河流域环境与发展问题整体性治理思路。

（二）环境治理效率研究

对于环境治理效率，学者们主要运用DEA模型进行分析。指标的选取上，将治理废水投资、治理废气投资、废水治理设施数和废气治理设施数等作为投入指标，将工业废水排放达标量、工业SO_2排放达标量、工业烟尘排放达标量和工业粉尘排放达标量等作为产出指标，以此对环境治理政策的效率进行实证分析。研究结果表明，我国在环境绩效和环境治理效率上都处于落后状态，并且在环境治理上的规模效益也处于基本不变的状态（董秀海等，2008）。然而，刘纪山（2009）在对中部六省的环境污染治理相对有效性进行实证研究的基础上则发现各省的环境治理活动大多处于规模效益递减阶段。王宝顺和刘京焕（2011）从技术效率、纯技术效率和规模效率三方面对我国29个省份的环境治理财政支出效率进行了评估。实证结果表明，我国不同省份之间的环境治理财政支出效率存在很大差异，并且存在财政投入浪费现象。陶敏（2011）对比分析了我国30个省份的环境治理投资效率，认为在技术效率上，我国东部经济发达地区省份环境治理投资的综合技术效率并不高。陈明艺和裴晓东（2013）运用C^2R模型和DEA交叉评价模型对我国各省市的环境治理财政政策的效率进行了实证分析。实证结果表明，我国的环境治理效率呈中西部高、东部较低的趋势，我国的总体环境治理效果并不理想，有些省市还存在财政资金出现冗余而治理效率却低下的问题。刘冰熙等（2016）认为，我国地方政府环境治理存在严重的效率损失，治理效率值呈波浪形的态势，并且日趋恶化。

（三）环境治理制度创新研究

市场化和治理主体多元化是环境治理制度创新的两个主要方向。市场化取向的环境治理制度创新，关键在于明确与生态环境密切相关的自然资源的所有权、使用权、管理权和收益权（樊根耀，2004）。治理主体的多元化强调除政府以外的其他主体的参与。Potoski等（2004）和Žičkienė（2007）都提出通过企业自我监督和政府提供监管的合作监管执法方法实现环境治理。这种方法试图通过在灵活性和信任的基础上促使企业合作解决环境问题，从而弥补许多执法缺陷。Ravnborg等（2013）提到了环境治理的横向整合问题。作者认为加强环境治理不仅需要强大的环保部门，还需要经济部门以及司法部门的政策和干预措施。环境问题的跨边界性质使国际监管变得更加重要。因此，通过国际谈判达成的环境公约可以作为一个合法的、相互约束的平台来实现对环境的监管。为了预防各利益主体出现"搭便车"的行为，避免社会成员通过偏离合作的策略实现套利，需要进一步明确环境利益在地方政府、企业、社会公众之间的分配，增进共容利益（赵美珍，2016）。除此之外，可以借鉴国外经验，从环境立法执法（李园和李娟，2011）方面完善环境治理措施，运用直接供给和管制、创建市场等政策工具（甘黎黎，2014）推进环境治理工作。

（四）有关环境治理财税政策研究

马中和蓝虹（2004）认为正是由于环境保护市场供给的失灵，需要政府通过公共财政的宏观调控，对环境资源实行合理配置。建立环境财政是我国发展市场经济的必然选择。Tišma等（2003）强调了征收环保税对于可持续发展的重要作用。然而，黄韬（2015）则发现，政府对环境污染征税的有效性受环境污染导致的社会损失和企业污染排放率的约束，因此，政府对环境污染是否征税是有条件的。除此之外，学者们从污染治理投资（黄菁和陈霜华，2011）、财政分权（张克中等，2011；闫文娟和钟茂初，2012）、环保税效果（田民利，2010）、排污费的效果（高萍，2011）、政府竞争与环境税（易志斌，2011）等角度分析了财税政策的环境治理效应。研究表明，政府间的竞争在促进地方经济增长的同时不可避免地导致地方环境污染；财政分权降低了地方政府对污染治理的努力，削弱了环保投资力度；我国环境税和排污费的治理效应还不明显。基于此，张玉（2014）指出，可以从财政支出规模与结构、转移支付、政府绿色采购、环境税等方面改革财税政策，同时加强与其他环境政策的组合以及优化选择。

（五）外部性理论与环境治理研究

外部性理论源于新古典经济学家马歇尔对"外部经济"的论述，主要指外部因素对企业本身的影响。庇古在马歇尔的基础上扩充了"外部不经济"的概念。在此之后，西方经济学家从不同角度探讨了外部性问题，形成了外部性理论的新发展。一般而言，外部性可以分为正外部性和负外部性。正外部性主要指某一主体的行为降低了另一主体的成本，增加了其收益。与之相反，负外部性则是指某一主体的行为使其他主体的成本增加，收益降低。众所周知，生态环境是典型的公共物品，当社会成员根据自己的费用效益原则使用环境资源并排放废弃物时，必然造成滥用资源的倾向，带来巨大的外部不经济（吴群河和牛红义，2005）。生态环境破坏可以说是一种负外部性的表现，然而，环境治理则是一种正外部性行为（李礼和孙翊锋，2016）。正因如此，私人对策不能有效地解决环境问题，需要政府利用公共对策对其进行干预（胡艳慧，2010）。

二、环境治理跨区域财政合作研究

（一）环境治理跨区域财政合作逻辑机理

地方政府间合作是一种新的治理模式，其核心问题是财政支出能力与支出责任的协调。基于各地方政府间财政能力的不均衡，为保证区域公共服务的均等化就必须建立财政合作机制以缩小地区差距，提高区域财政资金的利用效率并降低地方政府间合作成本①。鉴于此，地方政府间财政合作的研究成为学术界普遍关注的话题。跨区域财政合作是解决各地区政府间横向不公平问题的一种有效方式（廖红丰和马玲，2005），是促进区域市场一体化进程的需要（成为杰，2011），是应对区域竞争、产业转移、跨区域公共服务供给、城市发展和历史成本补偿的需要（段铸和王雪祺，2014）。除此之外，魏铭亮（2014）从流域属性因素和管理体制因素两方面分析了地方政府间合作治理的必要性，基于共容利益理论分析了地方政府间合作的可能性。作者认为，作为一种公共资源，流域水资源具有生态系统的关联性，"一荣俱荣，一损俱损"的相同利益可以说是促使地方政府间合作治理水污染的可能。Agran（2014）认为，要解决资源在数量、质量和空间上的不平衡问题以及由市场自发性、盲目性而引发的发展不平衡的问题，就需要充分发挥区域政府间宏观调控的作用。杨志安和邱国庆（2016）认为，跨区域财政合作的逻辑机理一方面来自地方利益关系扩展、行政权力调整及政府职能转变的现实逻辑；另一方面来自区域环境治理自身具有公共物品的外部性、公共性及阶段性的理论逻辑。由环境污染和环境治理的性质不难看出，我国现行的属地治理模式难以实现生态环境的最佳治理。基于此，环境治理跨区域财政合作是环境治理的现实需要，是保证区域公共服务均等化的需要，也是区域经济发展的需要。

（二）环境治理中跨区域财政合作制约因素

环境治理中跨区域财政合作的制约因素主要体现在信任资本的匮乏（张成福等，2012），区域经济合作利益分享与补偿机制的缺失（林民书和刘名远，2012），信息沟通不畅（凌学武，2010），政府政策规划不协调以及合作法制基础缺失（王玉明，2011）等方面。针对这一问题，也有学者从不同角度进行了分析和论述。蔡岚（2009）将地方政府的合作困境归纳为三方面：一是地方政府合作中共同利益与地方利益博弈的困境；二是地方政府合作协调机制设置与效率的困境；三是地方政府合作组织形式与权威的困境。郑寰（2012）基于公共政策学视角，以公共政策执行困境为出发点分析了政府间

---

① 杨志安，邱国庆. 区域环境协同治理中财政合作逻辑机理、制约因素及实现路径 [J]. 财经论丛（浙江财经大学学报），2016，208（06）：29 - 37.

合作机制不健全的原因。作者认为，跨域治理的主要问题在于"纵向行政层级"问题，这种纵向关系直接限制了行动者的行为。郑谊英（2015）认为我国当前的生态环境治理还存在"环境问题导向"的应急式投资问题，政府环境保护公共财政预算未能充分体现"公平性"的本质要求。杨增荣（2015）强调了雾霾治理的复杂性、地方政府短视的利益观以及中国特有的官员晋升机制对政府间合作的影响。

（三）环境治理跨区域财政合作分析与评价框架

胡佳（2010）基于整体性治理的分析框架，从治理理念、组织结构、运行机制和技术系统四个方面提炼出跨域环境治理中地方政府行动的理论解释框架。申剑敏（2013）提出跨域治理的 ISGPO 模型，该模型包含初始条件（I，initial conditions）、结构（S，structure）、治理（G，governance）、过程（P，process）、结果（O，outcome）五个维度，每个维度又包含若干变量，以此来分析描述跨域治理的过程和结果。其中，初始条件包含总体环境、合作历史和直接推动者三项变量；结构包括战略目标、合作类型、合作规模和权力配置四项变量；治理维度包括行动者、责任和持续互动三项变量；过程维度包括形成共识、建立合法性、初步协议、管理冲突和中间成果五项变量；结果维度包括直接影响、评估和持续性三项变量。通过案例分析作者发现，初始条件直接影响或制约合作行为和内容，结构、治理和过程直接影响合作行为及其有效性，结果及其评估关系到合作行为能否延续。通过案例分析作者发现，初始条件直接影响或制约合作行为和内容，结构、治理和过程直接影响合作行为及其有效性，结果及其评估关系到合作行为能否延续。罗冬林（2015）综合运用隶属函数与 AHP 法、博弈论，建立地方政府间合作信任度测度数理模型、博弈模型，以此分析区域大气污染地方政府合作网络治理的信任机制。王洛中和丁颖（2016）引入政策网络分析工具，从行动者、资源、规则和认知四个维度对京津冀雾霾治理合作的困境进行了分析。

（四）环境治理跨区域财政合作路径

学者们很少从财政机制建设上论述环境治理的跨区域合作，相关研究大多集中在跨区域财政合作的实现机制上。跨区域财政合作路径可以分为机制建设和配套政策两方面。机制建设方面，学者们认为，第一是应确定地方合作的可能发生范围，从而形成关于合作的共识（杨龙，2008）；第二是构建制度化的利益平衡机制，包括区域经济合作的财税利益共享和补偿机制（华国庆，2009），利益表达机制（王佃利和任宇波，2009）和利益协调机制（庄士成，2010）；第三是基于区域共有理念制定财政支出政策，规范转移支付制度（王曙光和金向鑫，2014）；第四是构建合作治理的平台，并进行合理的权责机制设计（蔡岚，2010）。配套政策方面，主要有建立合作各方适用的统一绩效评价工作和体系（林江和江智婷，2008），健全法律体系（邹继业和李金龙，2011；于文豪，2015），签订政府间协议并成立地方政府委员会（菲利普·库珀，2006），建立跨界水污染纠纷处理的责任追究机制（幸红，2014）、区域大气污染责任分担机制（姜玲和乔亚丽，2016）等。也有学者从不同角度进行了论述。郭志仪和郑周胜（2010）运用区域经济利益补偿模型分析了利益补偿对区域经济整合的影响。研究表明，只有建立完善的区域经济整合制度，才能实现地区之间的长期合作。与此同时，还应当打破由激励扭曲所带来的地区市场分割和地方保护主义，充分发挥市场配置资源的基础功能，使其发挥推进区域经济整合的作用。乔德中（2014）基于话语交往视角，从构筑协商交流平台、完善协商交流的规范和健全制度保障三方面阐述了区域间合作共识达成的路径。

（五）环境治理跨区域合作实践

环境污染的外部性与单一行政区污染治理的有限性之间的矛盾促使我国许多地区开始探索更有利于资源共享、协调联动的新型环境治理机制，即合作式环境治理。当前，环境治理的跨区域合作主要集中在对流域和大气污染的治理两方面。大气污染治理跨区域合作的典型代表是京津冀地区的雾霾治理。王小新（2016）阐述了京津冀大气污染防治政府间合作的现状，在政府间合作的协商机制方面，京津冀已初步建立大气污染防治协作小组；在政府间合作承诺机制层面，京津冀各自出台了《大气污染防治条例》，签署了《京津冀区域环境保护率先突破合作框架协议》以及《京津冀协同发展生态环境保护规划》；在政府间合作执行机制上，京津冀地区建立了区域信息共享机制和区域联动执法机制。流域水污染治理比较有代表性的区域是长三角和泛珠三角地方政府在环境治理中的协作。胡佳（2010）以长三角、泛珠三角和环渤海地区为例阐述了跨行政区环境治理中地方政府协作的政策演进。

作者认为，当前合作的最大特点是合作思路越来越清晰，合作内容越来越切合实际，协作力度不断加深，内涵也不断拓展。除此之外，周建鹏（2013）以"锰三角"区域为例，根据环境治理绩效的差别将"锰三角"区域环境治理过程分为自发合作治理、整顿关闭和整合推进三个阶段。上官仕青（2015）分析了小清河流域治理中地方政府合作的现状及特点。在小清河流域的综合治理中，相关部门依托环保大格局，运用"治、用、保"等手段构建上下游生态补偿机制，打造多元化的投融资格局，实施地区间环境执法联动机制，跨域环境治理成效明显。

三、拓展研究

生态环境作为一个系统的有机整体，其公共品特性使得市场机制难以实现生态环境的最佳治理。与此同时，政府信息的有限性以及政府对私人市场反应的有限控制也使得政府出现系统性失灵（约瑟夫·E.斯蒂格利茨，2013）。生态环境资源自身的内在特性和传统生态环境治理的"集体失灵"，客观上要求我们改变现有的治理模式。在这一背景下，协同治理作为一种制度安排，因其治理主体优势（政府、企业、社会组织以及社会公众）和治理成本优势引起学者们的重视。协同治理的主体之一是政府，包含政府各部门之间以及不同区域政府之间的协同合作。而地方政府间长期、全面的合作必将体现在区域间的财政互动行为上，进而表现出地方财政合作。因此，研究环境治理的跨区域财政合作，有必要对协同治理理论加以论述。学者们对于协同治理的研究主要涉及其内涵、领域、必要性、困境以及实现路径几方面，具体如下：

（一）协同治理内涵

对于协同治理的内涵，学者们围绕其本质、核心要素和基本特征等都做了比较系统的研究。协同治理作为服务型政府治理模式的合理定位，其内涵包含治理主体的多元性、治理权威的多样性、子系统的协作性、系统的动态性、自组织的协调性和社会秩序的稳定性（郑巧和肖文涛，2008）；其实质是官民共治（俞可平，2012）；其核心要素是参与主体的多元性、治理过程的协同性以及治理结果的超越性（孙萍和闫亭豫，2013）；其特征是公共性、多元性、互动性、正式性、主导性和动态性（田培杰，2014）。除此之外，姬兆亮等（2013）、颜佳华和吕炜（2015）将治理、协商治理、协作治理、合作治理与协同治理进行了对比分析，认为协同并不是简单的合作或者协调，而是一种更高层次的集体行动。

（二）协同治理领域

国内学者对于协同治理应用领域的研究主要集中在公共危机管理、公共管理改革、公共服务供给等方面。何水（2008）认为，我国危机管理面临理论困境和实践难题的本质在于理论研究和实践均陷入了"国家或政府中心论"的窠臼，要走出困境，就必须跳出这种理论范式，实现政府危机管理向危机协同治理的转变。沙勇忠和解志元（2010）从危机主体的多元化、治理权力的多中心化、参与与合作、协同治理的直接目的四方面阐述了公共危机协同治理的内涵，进而将公共危机协同治理分为政府之间的协同、政府与公民社会之间的合作以及公民社会之间的协同合作三种类型。郑卫荣（2010）将公共服务供给纳入政府治理的范式，论述了公共服务协同治理的现实依据和目标导向。

（三）协同治理必要性

随着国内外环境的变化，单一公共管理主体范式的"失灵"（朱纪华，2010），社会公共服务全方位膨胀和政府独家垄断公共服务供给的现状（郑恒峰，2009），分割管理模式弊端的日益凸显（蔡立辉和龚鸣，2010），要求我们改变传统的公共管理范式，改变公共服务供给模式，在强化政府主导地位的基础上，引入协同治理方式。协同治理所推行的调控方式改变了政府的地位和传统角色，其实施过程有助于公民素质和参政能力的提高，有助于决策的有效实施，有助于社会发展的持久效率（杨清华，2011）。协同治理是促进各利益主体之间长期合作的有效方式，是突破"公共事务政府管理"局限，走出政策冲突困境的新思路，也是区域公共管理的现实选择和发展方向（叶大凤，2015）。

（四）协同治理困境

刘伟忠（2012）将地方政府的府际协同分为横向和纵向两个维度。横向来看，由于地方间利益的冲突、合作机制的不完善、政绩观的扭曲等原因，导致地方政府间呈现竞争甚至是恶性竞争的态势，从而导致"公用地悲剧"和"集体行动困境"的出现；纵向来看，还存在中央协调机制缺乏和地方协同的意愿及能力不足等问题。杨华峰（2012）阐述了协同治理的潜在风险和应用局限。潜在风险主要表现在体制吸纳对权利系统开放性的稀释，自发秩序及其规则体系未必导向社会公平与正义两方面。应用局限主要有定位于地方层次上的治理样态难于应对国际事务问题和非政府组织发展匮乏的社区难以撬动权力的开放化进程两方面。除了上述问题，在推进社会协同治理机制建设过程中还存在公共缺乏参与社会治理的主体意识和公共精神（刘焕明，2015），府际合作信任关系缺失，顶层设计战略机制缺乏（王培智和商洋，2016）等问题。

（五）协同治理实现路径

对于协同治理的实现路径，何渊（2006）和吕志奎（2009）从不同角度阐述了美国的州际协议，肯定了其州际合作和解决州际争端方面的优势与价值，认为我国可以借鉴美国的做法以促进区域间合作。刘祖云（2007）、欧黎明和朱秦（2009）都提到了政府间信任问题。作者认为政府间的信任是府际治理不可忽视的正向因素。张丙宣（2012）、任泽涛和严国萍（2013）强调了社会组织在协同治理中的重要作用，提出应当扶持和培育社会力量，以一种新的方式主导和梳理社会。吴春梅和庄永琪（2013）认为，作为显性因素的利益状况、作为隐性因素的社会资本、作为共享因素的制度和信息技术是协同治理的三大影响因素。因此，要实现协同治理，关键是要加强对上述变量和影响因素的调控。通过优化网络关系结构以激发显性因素的表达，通过深化互动机制建设以培育隐性因素，通过加大共享因素供给以促进整合功能发挥。谭学良（2014）认为，政府协同治理的总体改革思路是宏观体制的循序渐进与微观架构的灵活整合，比较好的策略是借鉴国外先进组织的理念，有步骤有侧重地在阻碍力量比较小的行政智能领域或公共事务牵涉范围进行适度渐进式改革。

四、文献评述

国内外学者关于环境治理和财政合作的研究较为丰富，内容涉及环境治理的效率、策略，财政合作的内涵、逻辑机理、实现路径等各方面。然而，缺少对环境治理中各级政府财政治理责任划分的研究，缺乏对环境治理跨区域财政合作机制设计的系统研究，包括财政合作的协调机制、执行机制和保障机制等。基于此，本书侧重阐述跨区域财政合作对于环境治理的传导机制和路径，研究各级政府在环境治理中的事权和财政支出责任，进而提出环境治理跨区域财政合作机制。

第三节　研究的主要内容与方法

一、主要内容

本书将研究环境治理跨区域财政合作现状，识别政府间环境治理财政合作对区域环境治理的影响机制，确定政府间环境治理支出责任，构建环境治理跨区域财政合作机制，探索建立生态环境治理多元模式。

除导论外，本书主要包括以下六部分内容：

第一部分是环境治理与财政合作理论分析。这部分是本书的基础，主要阐释环境、环境治理和跨区域财政合作的概念，阐释区域公共品供给理论、外部性理论、博弈论、政府间关系理论等，通过理论分析剖析环境治理跨区域财政合作的必要性，分析环境治理跨区域财政合作的逻辑机理。此外，从环境治理跨区域财政合作的动力、合作模式、合作体系及其作用机制几方面分析了跨区域财政合作对环境治理的影响机制。

第二部分是环境治理跨区域合作现状分析。本部分主要对京津冀、泛珠三角洲和长江三角洲环境治理财政合作的进程和现状进行分析，梳理政府治理的政策实施并考察跨地区财政互动。

第三部分是我国环境治理跨区域财政合作问题分析。从运动式治理失灵、碎片化问题严重、利益协调机制不完善、生态环境合作机制松散四方面分析我国环境治理跨区域财政合作的现实困境。继而从地方政府合作理念、分割型的管理体制、地方政府财政合作保障机制三个层面深入剖析环境治理跨区域财政合作的影响因素。

第四部分是环境治理跨区域财政合作模拟运算。本部分是研究的核心，具体包括四个方面的研究：一是研究中央、地方各级政府环境治理财政支出责任，结合公众需求以及政府能力分析各主体的财政支出责任；二是研究环境治理财政支出影响因素；三是研究基于生态补偿的环境治理横向转移支付，在确定了环境治理各级财政支出责任的基础上，从生态补偿转移支付的功能、建立依据、支付资金来源归属、可行性等方面研究跨地区财政生态补偿问题；四是研究生态补偿标准的测算，基于排污权交易和成本法分别测算流域以及大气污染生态补偿标准，根据地区经济发展水平以及支付能力测算生态补偿标准系数，进而得出生态补偿额，以此作为跨地区财政转移支付的依据。

第五部分是环境治理跨区域合作国际经验。本部分主要通过梳理有关温室气体减排的国际行动，在介绍欧洲、美国、巴西、东北亚跨区域合作实践的基础上总结有关环境治理理念、机构设置和制度保障等的经验做法。

第六部分是我国环境治理跨区域财政合作机制构建。本部分是研究的落脚点。提出"转变竞争观念、寻求共容利益、增强府际资本"的合作理念；提出环境治理跨区域财政合作弥补市场"失灵"的功能定位；提出通过转变竞争观念、增进环境治理跨区域合作共容利益、增强府际社会资本三方面培育地方政府间合作理念；通过构建整体性组织系统、促进环境治理地方政府间利益平衡、完善相关法律法规、健全政府考核体系、建立健全一体化生态问责机制五方面推进环境治理地方政府间协商合作，为环境治理跨区域财政合作奠定基础；在此基础上，通过加强区域财政合作预算体系建设、构建区域财政合作支出体系、完善环境保护财政转移支付体系、建立有效的监督约束机制、建立多元主体合作机制等途径构建区域环境治理财政合作机制。

二、研究方法

本书拟采用规范分析与实证分析相结合的方法系统研究环境治理跨区域财政合作问题。具体研究方法包括：

（1）归纳演绎法。对环境治理财政支出现状，京津冀、泛珠三角和长三角环境治理跨区域财政合作现状进行统计描述，进而总结出当前环境治理跨区域财政合作的一般规律及存在的问题。

（2）定量分析法。构建生态补偿标准核算体系，选取相应的指标测算跨地区生态补偿标准。

（3）文献研究法。本书的文献（数据）收集包括理论和实证两方面。理论方面，本书系统梳理了协同治理、环境治理、跨区域财政合作等方面研究的国内外专著、期刊文献等资料，厘清了环境治理跨区域财政合作的研究现状，以便构建本文的分析框架，确立研究的切入点。实证方面，主要从网络、期刊和书籍收集相关文献，从京津冀、泛珠三角和长三角区域的地方网站以及报纸杂志获取有关环境治理跨区域财政合作的相关信息，从网络获取环境保护相关统计数据。

（4）比较分析法。本书采用比较分析法，一是总结美国、欧洲、巴西和东北亚在环境治理跨区域财政合作方面的发展经验，对其中的成败得失和经验做法进行总结，与此同时，对比研究京津冀、泛珠三角和长三角环境治理跨区域财政合作中存在的实质性问题；二是比较分析京津冀、泛珠三角、长三角环境治理跨区域财政合作各自的特点，对既往的优缺点和目前新形势下的优缺点进行分类式的分析对比。

第四节　研究思路

本书首先运用区域公共品供给理论、外部性理论、博弈论作为跨区域财政合作的理论基础，同时拟通过政府间关系理论、财力与事权问题剖析环境治理跨区域财政合作的必要性与紧迫性，在此基础上深入剖析跨区域财政合作对环境治理的影响机制；其次，以京津冀、泛珠三角和长三角为例，分析我国环境治理跨区域财政合作的现状及问题，找出一般性规律；再次，构建生态补偿标准核算体系，选取相应的指标测算跨地区生态补偿标准；最后，在分析国际环境治理跨区域合作框架的基础上，提出我国环境治理跨区域财政合作机制建设路径。研究的总体思路为：理论研究—现实考察—实证分析—经验借鉴—对策研究。

第五节　研究重点与难点

一、研究重点

一是研究跨区域财政合作对区域环境治理的影响机制。基于外部性理论和区域公共品理论分析环境治理跨区域财政合作的动力，结合不同的发展阶段分析环境治理跨区域财政合作的模式，分析其运行机制，进而提出跨区域财政合作对环境治理的作用机制和路径。

二是测算流域与大气污染生态补偿标准。总结生态补偿构建的基本思想，基于排污权交易和成本法分别测算流域和大气污染生态补偿标准，根据地区经济发展水平以及支付能力测算生态补偿标准系数，测算未来环境治理中生态补偿资金总量。

三是构建环境治理跨区域财政合作机制。本书将基于我国国情提出包括财政合作协调机制、运作机制和执行机制在内的环境治理跨区域财政合作机制，构建中央主导下多元主体环境治理模式，从而提高环境治理效率。

二、研究难点

本书的难点在于各级政府环境治理中的支出责任划分以及跨行政区合作机制的构建。

一是尽管从环保部门、国土资源部门等机构可以获取生态环境污染和治理成本数据，但是治理如何定价、相关治理成本如何在多元治理主体之间尤其是中央和地方政府之间进行财政支出责任的划分是较为复杂的。

二是地方政府间财政合作机制的构建设想与实际运行之间存在较大差距。如中央和地方政府间财政关系的重构、地方政府间的利益协调、相关部门设立与激励制度建立等。

第六节　可能的创新与不足之处

本书的创新之处在于将跨区域财政合作与环境治理放在同一个框架下进行研究。与以往的定性分析和理论分析不同的是，本研究将重点研究跨区域财政合作对于环境治理的影响机制，与此同时构建生态补偿标准体系，测算未来环境治理中生态补偿资金总量，进而从微观、中观和宏观多层次论述有利于提升环境治理效率的财政合作机制。

本书的不足之处在于对地区间生态补偿支付意愿方面的研究还相对欠缺。

环境治理成本的测算涉及多方面因素，地区间生态补偿标准系数的确定不仅
与区域经济发展水平和地区支付能力有关，还受支付意愿的影响，由于时间
和精力的限制，本书在区域生态补偿核算中，仅考虑了生态补偿支付额度，
对于地区间生态补偿支付意愿方面的研究还相对不足。此外，本书主要以长
江流域和京津冀作为研究区域，存在一定的区域局限性，未来还应继续改进
并完善测算方法，建立更加具有普适性的标准体系。

第二章 环境治理跨区域财政合作理论分析

第一节 相关概念界定

一、环境

环境，在《辞海》中的解释是：环绕所辖的区域；周匝。在《元史·余阙传》中将环境描述为"环境筑堡寨，选精甲外捍，而耕稼于中"，指的是围绕着人类的外部世界。在《汉语大辞典》中的解释是周围的地方、环绕所管辖的地区、周围的自然条件和社会条件。《中华人民共和国环境保护法》也给出了环境的明确定义①。从定义中不难看出，环境既包含自然环境也包含社会环境，既可以分为物质因素与非物质因素，又可以分为生命体形式和非生命体形式。论述的角度不同，环境的含义也不同。总体来说，环境涵盖了个人、社会和生物的全部要素。本书所论述的环境主要指人们赖以生存和发展的自然环境。

二、环境治理

治理（Governance）的概念源于 20 世纪 90 年代。詹姆斯·N. 罗西瑙②将其定义为通行于规制空隙之间的，解决冲突、调解利益的制度安排。他认

---

① 本法所称环境，是指影响人类生存和发展的各种天然和经过人工改造的自然因素的总体，包括大气、水、海洋、土地、矿藏、森林、草原、野生动物、自然遗迹、人文遗迹、自然保护区、风景名胜区、城市和乡村等。

② 詹姆斯·N. 罗西瑙. 没有政府的治理 [M]. 张胜军，刘小林，等，译. 南昌：江西人民出版社，2001.

为，治理是一种原则、规范、规则和决策程序。1995 年，全球治理委员会（Commission on Global Governance）给出了更具权威性和代表性的定义：治理是公共或者私人个体与组织处理其公共事务的多种方式的总和。由此可见，治理是一个过程，其目的是调和各方的冲突与利益而非支配；治理不仅涉及公共部门，同时也包含私人部门；作为一种制度安排，治理的实现有赖于一定的规则和程序。国际自然保护联盟（IUCN），将环境治理定义为"多层互动（即本地、国家、国际/全球）"，但又不限于这三个主要参与者。国家、市场和公民社会之间相互作用，无论是正式的还是非正式的，在制定和执行政策时，都受规则和程序的约束。由此可见，环境治理是一种社会化的管理行为，是环境和自然资源的控制与管理过程中所涉及的决策过程，主要针对人类社会发展过程中对水资源、大气等自然资源引起的污染与破坏。在我国，环境治理的主体是地方政府，治理的主要内容包含对环境污染与破坏行为采取的各种行动。然而，行政区域与地理要素①在空间上并不是完全重叠的，例如气象、气候、水文等自然要素，通常不是孤立地存在于某一地区，而是与其他地区相互联系，是跨行政区的。由此，本书所讨论的环境治理，主要指对大气、流域水资源等跨区域污染问题的防治。

三、跨区域财政合作

"合作"一词出自《国语·晋语三》，"杀之利。逐之，恐构诸侯；以归，则国家多慝；复之，则君臣合作，恐为君忧。不若杀之"，意思是共同从事，联合作战或操作。合作在《汉语大辞典》中的解释是为了共同的目的一起工作或共同完成某项任务。郑文强（2014）将合作定义为"行为主体为各自利益的实现而共同从事某种活动的过程"②。合作的内涵涉及三个核心要素：第一，合作的前提是主体间共同的价值诉求；第二，合作的主体涉及两个或两个以上；第三，合作是主体间互动的过程，有特定的规则。由此，作为特殊的经济主体，地方政府间的合作是在原有的地方政府间关系框架下，为实现共同的目标而进行的合作行为。地方合作直接影响各级各类政府间的权力与

---

① 所谓地理要素，是指地球表面各种自然和社会经济现象，以及它们的分布、联系和时间变化等。

② 郑文强，刘滢. 政府间合作研究的评述 [J]. 公共行政评论，2014（06）：107 – 128.

利益关系。财政作为"为满足公共需求"而产生的经济行为，地方政府间长期、全面的合作，必将充分体现在地方政府之间的财政往来活动之上，进而表现出地方财政合作①。区域一词出自《周礼·地官·序官》，"廛人"汉末经学大师郑玄将其注为"廛，居民区域之称"。学科不同，区域的定义也不同。在地理学上，区域指的是实实在在的物质内容，有明确的边界，是地球表面的一个地理单元。经济学上的区域反映了人类经济活动的空间组织规律。在本书中，区域主要指行政区域。由此，跨区域财政合作可以定义为两个或两个以上不同行政区地方政府间为了满足公共需求，实现共同的财政目标，而相互配合、联合开展财政行动的方式。

四、环境治理跨区域财政合作机制

机制（Mechanism）一词最早源于希腊文，原指机器的构造和动作原理。现被广泛用于自然和社会现象，用以描述各构成要素之间的结构关系和运行方式。从功能上可以分为激励机制、制约机制和保障机制。激励机制调动管理活动的积极性，制约机制确保管理的有序化和程序化，保障机制为管理活动提供物质和精神条件。由此，环境治理跨区域财政合作机制是维系不同区域地方政府间财政合作顺利进行的一种具有普遍约束力的规范性框架。包含合作的主体、合作的内容、合作的规则以及配套的制度体系。

第二节　环境治理跨区域财政合作理论依据

一、区域公共品供给理论与环境治理

新古典经济学家萨缪尔森（1954）最早将公共品定义为"每个人对某种物品的消费并不会导致其他社会成员对该物品消费的减少"。这意味着新增消费所带来的边际社会成本为零。消费的"非竞争性"与受益的"非排他性"是公共品的两个主要特征。所谓非竞争性，指某一个体对某种物品的消

---

① 王丽. 地方财政合作与区域协同发展研究——以京津冀区域为例 [D]. 武汉：中南财经政法大学，2016.

费并不减少它对其他使用者的供应，即增加消费者的边际成本为零；所谓非排他性，是指任一个体都不能因自己的消费而排除他人对该物品的消费。继萨缪尔森之后，马斯格雷夫在其著作《财政学原理》（1959）一书中给出了纯公共产品的严格定义。根据是否具有消费的非排他性和非竞争性，他将物品分为公共产品和私人产品两类，又根据非排他性和非竞争性是否同时兼具将公共产品划分为公共资源物品、俱乐部产品和纯公共产品三类①。奥尔森在 1971 年提出"国际公共产品"这一概念，之后，随着经济全球化趋势的加剧，学者们不断拓展公共品理论的研究领域，开始关注区域公共品的理论与政策问题。所谓区域公共品，是指利益惠及一个确定区域的公共产品。这里所说的区域是指突破了传统行政区界划分的，由两个或两个以上政治单元所形成的横向空间关系，可以是社会区域、自然区域或经济区域等。刘晓峰和刘祖云（2011）借鉴美国学者詹姆斯·米特尔曼的"新区域主义"分类法，根据外溢范围的大小将区域公共品分为宏观区域公共品、次区域公共品和微观区域公共品三种。宏观区域公共品主要指全球气候变暖、国际通信卫星服务等外溢性覆盖全球的公共品，与之相对应，次区域公共品的外溢性超越了国界但并未波及全球，微观区域公共品主要指外溢性局限于一国国界范围之内，但仍跨越行政区的公共品。本书所指的区域公共品即为跨行政区的公共物品。Sandler（2013）认为，不同行政区在地理位置上的毗邻极易导致对各地区都产生影响的利益问题，即为"毗邻效应"。生态环境是典型的公共品，其中，流域、大气环境等物品因其明显的地理依赖性而被称为区域公共品。一直以来，我国环境治理实行的是以行政区划为主的属地管理模式，这种单一行政区污染治理模式极易导致地方政府间在解决跨区域污染问题时的失效供给。对于跨区域的环境污染问题，一个地区对于环境保护的投入并不能阻止相邻辖区享受其污染治理的成果，这种非排他性使得地区间缺乏为环境保护支付的激励，产生"搭便车"的心理，进而导致环境治理投入不足。因此，有必要打破传统环境治理条块分割的壁垒，加强不同行政区之间的合作，以改善区域环境，实现互利共赢。

---

① 公共资源物品具有竞争性和非排他性，俱乐部产品具有非竞争性和排他性，纯公共产品具有非竞争性和非排他性。

二、外部性理论与环境治理

外部性理论源于新古典经济学家马歇尔（Marshall，1890）对"外部经济"的论述，主要指外部因素对企业本身的影响。他将由货物生产规模扩大而产生的经济分为两类，一类是"有赖于该产业的一般发达所形成的经济"；另一类是"有赖于某产业的具体企业自身资源、组织和经营效率的经济"。第一类被称为"外部经济（External Economies）"，第二类被称为"内部经济（Internal Economies）"。内部经济主要得益于企业组织内部的专业化分工、劳动技能和组织管理的改善；而外部经济则源于相关产业地理集中、信息和技术交流等外部因素带来的整体效率的提高。

庇古（Pigou，1920）在马歇尔的基础上扩充了"外部不经济"的概念。他在讨论社会资源的最优配置时，引入"边际社会净产品"和"边际私人净产品"两个概念。庇古认为，要实现国民收入最大化与资源的最优配置，边际社会产品必然要相等，否则资源会从边际社会产品低的用途转入边际社会产品高的用途。正是这种差异促使了外部性的产生，使得私人边际成本与社会边际成本、私人边际收益与社会边际收益出现偏差，进而导致资源配置的帕累托最优难以实现。根据庇古的理论，外部性是指某一经济主体的行为对其他经济主体产生的不能通过市场机制得以纠正的外部影响。对于负外部性来说，私人的边际成本小于社会边际成本，产生外部性的一方并没有完全承担其成本；对于正外部性来说，私人的边际收益小于社会边际收益，行动方并没有获得全部收益。对此，庇古认为可以通过对负外部性的生产者进行征税、对正外部性的经济行为进行补贴来实现资源的优化配置。

继马歇尔和庇古之后，许多经济学家对外部性问题进行了深入研究。奈特（Knight，1924）认为，产生"外部不经济"的原因在于"稀缺资源"缺乏产权界定，为解决这一问题，他认为有必要明确产权归属。对此，他建立"深海捕鱼"的模型（见图 2-1）来说明其观点。从图 2-1 可以看出，当海洋资源产权不明确时，捕鱼者的平均成本曲线为 AC_1，由于海洋资源的有限性，打捞也会越来越困难，因此，边际成本曲线 MC 向上倾斜，需求曲线为 D，此时的打捞量是 Q_1；当海洋资源产权明确归私人所有时，打捞者需要支付一定租金才能继续捕鱼，平均成本曲线上移至 AC_2 处，边际成本曲线为

MC_2，此时的打捞量为 Q_2，与 Q_1 相比明显减少，显然在 Q_1 处存在"过度"打捞现象，即"外部不经济"。奈特发现了产权与外部不经济的联系，为学者们探讨解决"外部性"问题提供了理论基础。

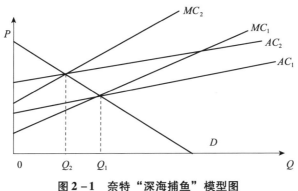

图 2-1 奈特"深海捕鱼"模型图

此后，米德（Meade，1952）从内在性和外在性角度重新解读了外部性理论。西多夫斯基（Scitovsky，1954）认为尽管外部性与市场失灵存在某种联系，但是外部性并不等同于市场失灵，他认为外部性的界定并不统一，并且人们通常对这一概念的界定是"不愉快"的。直到 20 世纪 60 年代，科斯（Coase，1960）才将外部性与产权问题真正联系起来。他认为当交易费用为零时，无论产权如何界定，双方都可以通过讨价还价实现资源的最优配置；相反，如果存在交易费用，那么相应的制度安排是十分必要的。德姆赛茨（Demsetz，1967）提出通过改变财产权利使外部性内部化。他认为，如果注重产权，并赋予各方谈判的权利，那么市场机制会降低交易成本，从而使得外部性的内在化收益大于其成本，实现外部性内部化。

对于如何实现外部性内部化，学界有两种主流观点，一种是"庇古税"，即通过政府征税和补贴弥补市场在公共产品供给方面的不足；另一种是科斯的产权理论，即由政府负责界定和保护产权，通过市场交易和自愿协商的方式实现外部性的内部化。从上文的分析可以看出，生态环境是典型的公共品，由于生态环境破坏而形成的外部成本和由于生态环境保护所产生的外部效益构成了生态环境外部性的两个方面，其中流域与大气环境由于地理要素的流动性表现出了明显的正外部性与负外部性特征。正外部性主要体现在某一地区保护生态环境所产生的生态效益被其他地区无偿享用，并未获得相应的补偿；负外部性主要体现在某一地区对环境的过度利用使得区域环境质量下降，并没有获得相应的惩罚。作为区域公共品，流域和大气环境的非排他性导致生态资源消费的"搭便车"以及消费偏好显示不真实行为，进而导致区域间环境利益和经济利益的矛盾，导致生态资源的价值难以实现反遭破坏，这种非排他性是外部性产生的重要原因。此外，生态资源消费的环境效应还具有时空转移的特点，当前对于生态环境的破坏行为在时间和空间上都具有转移性，从而增加了将外部成本内部化的难度。我国环境治理的主体是地方政府，为实现外部性内部化，有必要进一步明确地区间的环保支出责任，引入经济激励机制，完善区域间的横向转移支付机制，鼓励地区间开展环境保护与治理的联合行动。

三、博弈论与环境治理

博弈论（Game Theory）又称对策论，是使用严谨的数学模型研究冲突对抗条件下最优决策问题的理论[①]。现代博弈论的研究源于经济学家冯·诺依曼与奥斯卡·摩根斯特恩 1944 年关于纯粹竞争理论的论述[②]。20 世纪 50 年代，纳什在其论文《n 人博弈的均衡点》（1950）和《非合作博弈》（1951）中证明了均衡的存在性，最终形成非合作博弈理论的源泉。此后，泽尔腾（Selten，1965）和海萨尼（Harsanyi，1968）关于子博弈精炼纳什均衡和不完全信息博弈的研究进一步促使博弈论发展完善为一门独立的学科。

标准的博弈分析框架包含六个基本要素，分别是参与人、信息、行动、支付、结果和均衡。其中，参与人、行动和支付构成了一个最起码的博弈框架。作为分析解决冲突与合作的工具，博弈论被广泛应用到生态学、管理学等学科，在现实生活中也有着广泛而深刻的意义，特别是著名的"囚徒困境"。以流域为例，水资源的流动性使得上下游之间形成相互关联的有机整体。上游地区对生态环境的污染、保护与治理，都将通过地理要素的流动影响下游地区。当上游采取措施治理污染改善流域水环境时，对下游地区而言具有正的外部性，而下游地区享受这种生态利益是免费的，从而产生"搭便车"的现象；当上游地区为了经济的发展过度开发使用水资源时，极易造成

---

① 张建英. 博弈论的发展及其在现实中的应用 [J]. 中国校外教育，2008（S1）：36-37.
② 1944 年，冯·诺依曼与奥斯卡·摩根斯特恩合著了《博弈论与经济行为》一书，书中提出了系统的博弈理论，将合作博弈的研究由双人推广到多人，为进一步的研究奠定了基础和理论体系。

资源的污染与过度使用，从而对下游地区产生负的外部性。这种偏好导致整个流域系统偏离了最优状态，造成地区间只开发利用而不保护生态环境，进而使流域的生态环境建设陷入"囚徒困境"[1]。

针对跨区域环境污染问题，博弈论有助于寻求相关主体行为的最优化策略。借鉴王艳等（2005）的越境环境污染博弈模型，可以构建跨区域环境污染博弈模型。假设某种跨区域污染问题波及 n 个地区，这 n 个地区的地方政府均为理性的行为个体，各地区总的预算支出为 M_i（$i = 1, 2, 3 \cdots n$），任一地区自愿治理环境污染的总量为 x_i，相对应的治理费用为 p_x，该地区污染治理其他项目设计量为 y_i，为污染治理其他项目设计支付的费用 p_y[2]。考虑到各个地区在环境污染治理中的积极态度 w_i（$w_i > 0$，$i = 1, 2, 3 \cdots n$），则任一地区为控制环境污染所支出的费用为 $w_i x_i p_x$（$i = 1, 2, 3 \cdots n$）。设任一地区治理跨区域污染的效用函数为 u_i（X, y_i），代表某一地区 i 投入 x_i 和 y_i 后产生的效用，其中 $X = \sum_{i=1}^{n} x_i$。假设各地区的环境治理具有实际意义，则 $\dfrac{\partial u_i}{\partial X} > 0, \dfrac{\partial u_i}{\partial y_i} > 0$，很显然，治理污染的支出与其他项目设计支出的边际替代率递减，由此，$P(X) = \dfrac{\partial u_i / \partial X}{\partial u_i / \partial y_i}$，是 X 的减函数。

若各地区都以自身利益最大化为目标制定策略，都希望获得最大化的效用，则该问题可以转化为：

$$\begin{cases} \max u_i(X, y_i), X = \sum_{i=1}^{n} x_i \\ s. t.\ w_i p_x x_i + p_y y_i \leqslant M_i \end{cases} \tag{2-1}$$

利用拉格朗日乘数法，上述问题可以变换为：

$$\max L_i = u_i(X, y_i) + \lambda(M_i - w_i p_x x_i - p_y y_i) \tag{2-2}$$

其中，λ 为拉格朗日常数，式（2-2）的最优化一阶条件为：

$$\frac{\partial u_i}{\partial X} - \lambda p_x \omega_i = 0, \frac{\partial u_i}{\partial y_i} - \lambda p_y = 0$$

进一步简化（消去 λ）可得：

---

[1] 宋敏. 生态补偿机制建立的博弈分析 [J]. 学术交流，2009（05）：83-87.

[2] 为简化模型，假设各地区的 p_y 相等。

$$\frac{\partial u_i / \partial X}{\partial u_i / \partial y_i} = \frac{w_i p_x}{p_y}, (i = 1,2,3\cdots n) \tag{2-3}$$

由此，可推出 n 个地区自愿提供跨区域污染治理费用的纳什均衡：

$$\begin{cases} x^* = (x_1^*, x_2^*, x_3^* \cdots x_n^*) \\ X^* = \sum_{i=1}^{n} x_i^* \end{cases} \tag{2-4}$$

式（2-4）仅仅是从单个地区效用最大化出发，如果要考虑整体最优，即帕累托最优，那么模型还需满足以下条件：

$$\begin{cases} \max U = \sum_{i=1}^{n} \gamma_i u_i(X, y_i) \\ s.t. \sum_{i=1}^{n} w_i p_x x_i + \sum_{i=1}^{n} p_y y_i \leqslant \sum_{i=1}^{n} M_i \end{cases} \tag{2-5}$$

其中，系数 γ_i 代表不同地区对整体环境治理的贡献程度，即其在跨区域环境治理中的地位或重要程度。同样利用拉格朗日乘数对式（2-5）进行对数变换，则上述最大化问题可转化为：

$$\max L_p = \sum_{i=1}^{n} \gamma_i u_i(X, y_i) + \lambda \left(\sum_{i=1}^{n} M_i - \sum_{i=1}^{n} w_i p_x x_i - \sum_{i=1}^{n} p_y y_i \right) \tag{2-6}$$

式（2-6）的最优化一阶条件为：

$$\sum_{i-1}^{n} \gamma_i \frac{\partial u_i}{\partial X} - \lambda p_x \omega_i = 0, \frac{\partial u_i}{\partial y_i} - \lambda p_y = 0$$

消去 λ 和 γ_i，可得：

$$\sum_{i=1}^{n} \frac{\partial u_i / \partial X}{\partial u_i / \partial y_i} = \frac{w_i p_x}{p_y}, (i = 1,2,3\cdots n) \tag{2-7}$$

式（2-7）决定了治理跨区域污染费用的帕累托最优解 X^{**}。

根据式（2-3）和式（2-7）可得：

$$\begin{cases} P(X^*) = \frac{\partial u_i / \partial X}{\partial u_i / \partial y_i} = \frac{w_i p_x}{p_y} \\ P(X^{**}) = \frac{\partial u_i / \partial X}{\partial u_i / \partial y_i} = \frac{w_i p_x}{p_y} - \sum_{j \neq i} \frac{\partial u_j / \partial X}{\partial u_j / \partial y_j} \end{cases} \tag{2-8}$$

由于治理污染的支出与其他项目设计支出的边际替代率递减，可得 $X^{**} > X^*$。以上分析说明，如果仅从自身利益出发，各地区自愿承担的跨区域污染费用要小于他们从区域整体利益出发提供的费用，且两者之间的差距与区

域内地区数量 n 成正比，即随着地区数量的增加差距会进一步扩大。由此，公共品的纳什均衡供给小于帕累托最优供给。通过上述模型分析不难看出，当某一地区跨区域污染治理所产生的效用大于其他项目设计的边际效用时，各地区都倾向于积极治理跨区域污染，从而促进跨区域污染的治理。该模型进一步验证了不同地区对于跨区域污染问题的消极处理态度，只有当跨区域污染极其严重时（威胁生命安全或阻碍社会发展），各地区才会积极行动，加大治理跨区域污染的投资，而当污染处于一般水平时，则听之任之，不予重视。由此，对于跨区域环境污染问题，有必要形成稳定的跨区域合作机制。

四、政府间关系理论与环境治理

政府间关系也称府际关系，这一概念最早由美国学者克莱德·F. 施耐德（1953）提出。安德森（1960）给府际关系下了定义，他认为，府际关系主要指有层次的政府单位间所展开的大量活动及其相互作用而形成的关系。20世纪80年代后，学者们对府际关系的研究从更加侧重中央与地方政府的关系拓展为横向政府间关系，相关研究也更加系统和深入。马克思在1993年首次提出"多层治理"的概念，并在1996年从府际关系的角度将"多层治理"概括成"隶属于不同层级的政府单位之间的合作关系"。奥斯特罗姆等（2004）从治理的视角研究了在公共服务方面美国的地方府际间存在着大量的合作关系。菲利普·库珀（2006）认为政府间关系结构的一种最常见的形式是两个或多个政府达成合作安排的结构，他提出可以通过签订类似于政府间协议和成立地方政府委员会等途径促进政府间的合作。

受西方学者研究的启发，国内学者对政府间关系的研究也日趋完善。对于政府间关系的内涵界定，主要有三种维度。第一种是纵向关系主导论。以林尚立为代表的学者将政府间关系定义为"国内各级政府间和各地区政府间的关系，包含纵向的中央政府与地方政府间关系、地方各级政府间关系和横向的各地区政府间关系"[1]。他认为权利关系、财政关系和公共行政关系是政府间关系的主要构成要素，且纵向央地关系是决定府际关系基本格局的轴心式关系。第二种是横向关系主导论，以谢庆奎为代表。他将政府间关系定义

① 林尚立. 国内政府间关系［M］. 杭州：浙江人民出版社，1998.

为"政府之间在垂直和水平上的纵横交错的关系，以及不同地区政府之间的关系"①。他认为府际关系的实质是政府之间的权力配置和利益分配，利益关系决定了权利关系、财政关系和公共行政关系。随着驱动因素的变化，作者认为我国政府间关系已由单一性走向多样性，由纵向联系为主导发展为横向关系为主导。第三种是网络论，以陈振明为代表。他将政府间关系定义为"中央政府与各级地方政府间纵横交错的网络关系，既包括中央政府与地方政府关系、各级地方政府间关系，也包括同级地方政府间关系以及不存在行政隶属关系的非同级地方政府间关系"②。虽然学者们对于政府间关系的定义还存在一定分歧，但都将府际关系划分为纵向与横向两种，且愈发重视政府间的横向合作关系。

理顺地方政府间的府际关系有助于提高行政效率和绩效。从地方政府间关系的研究视角来看，国内学者主要从地方政府间关系协调和地方政府间竞争两方面讨论。对于地方政府间关系的协调，主要是基于区域经济一体化发展、区域公共事务的有效治理、破解行政区经济发展迷局等方面需要；对于政府间的竞争，主要来源于官僚制逻辑下的晋升压力、地区间的绩效竞赛以及居民对地方政府偏好的"以脚投票"表达机制。刘祖云（2007）认为，我国地方政府间关系已经由"恶性竞争"发展为"协商合作"。毛彩菊（2009）则认为"竞合"比"合作"更能反映目前我国地方政府之间的关系，她认为，竞争是地方政府间关系的常态，合作是获得"整体利益"的一种手段。对于环境变迁与环境保护的跨界性，我国单一行政区环境治理模式割裂了区域的整体联系，使得横向地方政府和纵向政府都无法单独实现其有效管理，由地方政府竞争引发的"地方保护主义"更加剧了跨区域环境治理的难度，而合作的"溢出效应"则有利于地方政府间的互利共赢。因此，有必要建立完善的机制促进和维持地方政府间在环境治理上的合作。

五、环境治理事权与支出责任

事权与支出责任的划分是理顺政府间财政关系的前提和基础，也是财政

---

① 谢庆奎. 中国政府的府际关系研究 [J]. 北京大学学报：哲学社会科学版，2000（01）：26－34.

② 陈振明. 公共管理学原理 [M]. 北京：中国人民大学出版社，2006.

体制的重要组成部分。所谓事权，指一级政府按照法律法规管理社会事务所承担的任务和职责。事权的划分既包括不同层级政府之间的纵向配置，也包括同一层级政府各部门之间的横向配置①。支出责任指政府运用财政资金承担履行其事权的义务。《国务院关于推进中央与地方财政事权和支出责任划分改革的指导意见》将财政事权定义为"一级政府应承担的运用财政资金提供基本公共服务的任务和职责"，与之相对应，支出责任是"政府履行财政事权的支出义务和保障"。由此可见，事权和支出责任与政府的财政职能息息相关，是政府有效提供公共服务的前提和保障。事权与支出责任的划分主要是依据基本公共服务的受益范围，受益范围覆盖全国的基本公共服务由中央政府提供，地方性公共产品和服务由地方政府提供，具有外溢性的跨区域基本公共服务由中央与地方共同负责。改革开放以来，我国政府间的事权与支出责任的划分经历了三个主要阶段：第一个阶段是新中国成立以来至1979年的"统收统支"阶段，这一时期的事权高度集中于中央政府，中央政府代替地方政府承担了大量支出责任；第二个阶段是1980—1993年的"财政包干"阶段，这一时期的改革以财政为突破口，围绕企业管理权展开，地方政府取得了一定的财政自主权；第三个阶段是1994年实行分税制改革以来，公共财政体系初步建立，政府财政逐渐向民生领域倾斜，政府间事权和支出责任划分体系不断完善。虽然事权与支出责任的调整完善有力地促进了经济社会的发展，但是总体来讲，我国政府间事权与支出责任的划分还存在"横向错配与纵向错配并存"②的问题。所谓横向错配，主要指由于政府过多地介入微观经济事务导致的越位和政府公共服务职能履行不到位产生的缺位问题并存的现象。所谓纵向错配，主要指由于支出责任下沉导致的地方政府财政收入能力与支出负担不匹配。这种不匹配最终导致政府更加关注经济事务而逃避社会公共服务。

根据前文的分析，环境事权可以定义为政府运用财政资金保障基本环境质量，提供良好生态环境公共品的任务和职责。在我国，环境治理事权和支出责任的划分主要是基于行政区划，各级政府、各政府部门负责本辖区的环境治理。这种模式极易导致各级政府只关注本地环境质量，而对跨界环境污

---

① 丁菊红. 我国政府间事权与支出责任划分问题研究 [J]. 财会研究，2016 (07)：10 – 13.

② 卢洪友，张楠. 政府间事权和支出责任的错配与匹配 [J]. 地方财政研究，2015 (05)：4 – 10.

染治理采取"不作为"的态度。同时也使得区域环境污染防治缺乏整体的预警机制，带来管理的碎片化问题。以流域水环境为例，由于地理要素的流动性，流域水环境通常涉及不同的行政区。上游地区对水环境的污染与治理势必会通过地理要素的流动影响下游地区。一般而言，上游地区的地方政府是水环境治理的主要贡献者，承担了保护水环境的职责，为治理环境污染往往需要承担大量的人力、物力和财力，甚至需要牺牲经济利益以实现环境保护的目的。而下游地区通常是流域水环境治理的受益者，无须支付任何成本就能享受上游环境治理的成果，进而产生"搭便车"心理，导致跨区域污染治理事权与支出责任不匹配。对于这种具有跨区域外部性的事务，带利益补偿性质的横向转移支付机制是解决地区间环境事权与财政支出责任不匹配的主要手段。然而，目前我国相关的利益补偿机制还不健全，对于跨地区公共品的供给，地方政府普遍缺乏动力。因此，有必要进一步完善横向转移支付制度，建立跨区域污染治理的合作机制，整合各地方政府对于环境治理的事权与支出责任。

第三节　跨区域财政合作对环境治理的影响机制分析

一、环境治理跨区域财政合作动力

（一）外部推动力

由于地方政府间并没有隶属关系，它们之间的合作大部分是由外部力量推动的。地方政府间环境治理跨区域财政合作的动力主要来源于中央政府的政策导向、资金支持和地方政府的政绩评价导向。

1. 政策导向

随着经济的快速发展，大气污染问题日益凸显，我国空气质量改善缓慢，大气污染物的排放总量长年居高，污染防治工作压力与日俱增。由于大气污染的区域性特征，仅从行政区划的角度考虑单个城市大气污染防治措施已难以解决大气污染问题，国家逐渐重视大气污染的联防联控，相继出台了一系列政策以推动大气污染防治工作。《关于推进大气污染联防联控工作改善区域空气质量的指导意见》（国办发〔2010〕33号）中提出要"全面推进大气污染联防联控工作，切实改善区域和城市环境空气质量"。2011年，国务院正式印发了《国家环境保护"十二五"规划》（国发〔2011〕42号），明确提出要实施区域环境保护战略，建立区域空气环境质量评价体系，开展多种污染物协同控制。2012年9月，国务院批复了《重点区域大气污染防治"十二五"规划》，划定了13个大气污染防治重点区域，提出建立全新的区域大气污染防治管理体系，提升联防联控管理能力。《大气污染防治行动计划》（国发〔2013〕37号）（以下简称《计划》）中明确指出要建立区域协作机制，统筹区域环境治理，建立京津冀、长三角区域大气污染防治协作机制，以协调解决区域突出环境问题，同时建立严格的责任追究机制，督促各地区完成年度目标任务。针对京津冀地区的大气污染防治工作，《计划》指出要尽快率先启动《京津冀环境综合整治重大工程》大气部分，深入推进大气污染联防联控。2017年10月，环保部、发改委、水利部联合印发《重点流域水污染防治规划（2016—2020年）》。该规划将《水十条》水质目标分解到各流域，明确了各流域污染防治重点方向。提出实施以水质改善为核心的分区管理，流域层面重点从宏观尺度明确水污染防治重点和方向，协调流域内上下游、左右岸防治工作；提出要强化包括京津冀区域、长江经济带在内的重点区水环境保护，要打破行政区域限制，加强顶层设计，以跨界河流为重点，开展上下游联防联控、联动治污，实现区域经济社会发展和生态环境保护建设协同推进。2018年11月，生态环境部办公厅发布《长江流域水环境质量监测预警办法（实行）》（环办监测〔2018〕36号），指出当跨省（市）界断面出现水质预警时，各地方政府生态环境部门应统筹协调制定整改计划。2019年，生态环境部办公厅发布《2019年全国大气污染防治工作要点》（环办大气〔2019〕16号），指出要扎实推进重点区域联防联控，深化成渝、武汉城市群、京津冀及周边地区、长三角地区、汾渭平原、北部湾、珠三角等地区大气污染联防联控工作。基于中央区域环境治理联防联控政策，各地区相继建立了相应的污染防治协作机制，区域间的合作制度不断完善。

2. 资金支持

为支持地方开展大气污染防治工作，改善大气环境质量，中央财政设立大气污染防治工作专项资金，以推动《大气污染防治行动计划》（国发〔2013〕37号）中确定的大气污染防治工作，以及国务院确定的氢氟碳化物销毁补贴等。2014 年 2 月，习近平总书记在北京考察工作时指出"要加大大气污染治理力度，应对雾霾污染、改善空气质量的首要任务是控制 PM2.5，要从压减燃煤、严格控车、调整产业、强化管理、联防联控、依法治理等方面采取重大举措"①。同年，为保证 APEC 会议期间北京的空气质量，中央财政拨款 81 亿元，用以推动京津冀区域大气污染联防联控工作。2007 年，为解决三河、三湖②及松花江流域水污染问题，中央政府设立专项补助资金，用以推动区域水环境综合整治、饮用水水源地保护和畜禽养殖污染防治。2012—2015 年，中央财政计划安排 36 亿元专项资金用于辽河流域的水污染治理。2020 年，中央财政下达北京、天津、河北的水污染防治资金、大气污染防治资金、土壤污染防治资金和农村环境整治资金合计 97.20 亿元，占财政部参与资金总规模的 18.58%③。中央政府的财政转移支付和其他财政拨款为地方开展污染防治工作提供了有力支持，有效弥补了地区间财政能力的差异，推动了环境治理的跨区域合作。

3. 地方政府的政绩评价导向

作为世界通行的国民经济核算体系，GDP 日益成为衡量各地方政府政绩的硬性指标。然而，以 GDP 为核心的国民经济核算体系更多地反映的是经济增长的正效应，并没有有效体现由于生态环境恶化导致的经济损失。我国多年来"以经济建设为中心"的实践也使得部分地方官员在执政过程中逐渐演化为以 GDP 为核心的执政理念，唯"GDP 论英雄"，展开"晋升锦标赛"，进而导致地方政府间产生激烈的经济竞争，不惜牺牲环境利益以追求经济增长，从而加剧了生态环境的恶化。绿色 GDP 扣除了 GDP 中的环境资源成本和环境保护服务的费用，反映了经济增长的净效应，逐渐成为评估地方政府绩效的新视角。我国城市环境环保考核办法始于 1988 年，国务院环保委员会发布了《关于城市环境综合整治定量考核的决定》（国环字第 008 号）的通知，提出实行城市环境综合整治定量考核，并指出环境综合整治是城市政府的一项重要职责，市长对城市的环境质量负责。2004 年 9 月，国家环保总局和国家统计局联合召开中国资源环境经济核算体系框架论证会，会议论证了

---

① 习近平. 控 PM2.5 要压减燃煤、严格控车 ［EB/OL］. （2014 - 02 - 26）. 凤凰网.
② 三河指淮河、海河、辽河；三湖指太湖、巢湖、滇池。
③ 生态环境部《关于政协十三届全国委员会第三次会议第 0723 号提案答复的函（摘要）》，2020 年 9 月 9 日。

《中国资源环境经济核算体系框架》和《基于环境的绿色国民经济核算体系框架》，标志着我国绿色 GDP 核算体系框架初步建立。随后，国家环保总局和国家统计局在北京、天津等 10 个省市启动了以环境核算和污染经济损失调查为内容的绿色 GDP 试点工作。2011 年 10 月，国务院发布《关于加强环境保护重点工作的意见》（国发〔2011〕35 号），明确指出要制定生态文明建设的目标指标体系，将其纳入地方各级人民政府绩效考核，实行环境保护一票否决制。同年 11 月，原环境保护部办公厅发布关于征求《"十二五"城市环境综合整治定量考核指标及其实施细则（征求意见稿）》（环办函〔2011〕1302 号）意见的函，组织修订了城市环境综合整治定量考核指标。2015 年 4 月，中共中央、国务院下发了《关于加快推进生态文明建设的意见》，提出"把资源消耗、环境损害、生态效益等指标纳入经济社会发展综合评价体系，大幅增加考核权重，强化指标约束，不唯经济增长论英雄"。地方政府政绩评价指标的变化体现了中央政府对生态环境保护的重视，有助于引导地方政府在追求经济利益的更加注重生态利益。然而，由于大气、水污染的流动性，使得某一地方政府无法独立完成生态环境的有效治理。在新的环境综合整治考核指标体系下，有关空气质量和水环境的评价指标占比达 39%，随着中央政府对地方关于环境治理要求的提高，环境绩效对地方官员晋升的影响程度也显著提升①，这在一定程度上提升了地方政府加强环境治理的积极性，促使地方政府从区域整体利益出发谋求区域联合和共同发展，增进了区域间的合作。

（二）内部驱动因素

1. 共同的利益诉求

理性个体的行动源于利益的驱动，作为经济社会中特殊的行为主体，地方政府的行动亦是如此。合作产生的根源在于利益最大化动机，共同利益最大化是现代区域合作的基点②。从前文的论述可以看出，政府间的关系包含权力关系、财政关系、公共行政关系和利益关系，其中利益关系决定了其他

---

① 张鹏，张靳雪，崔峰. 工业化进程中环境污染、能源耗费与官员晋升［J］. 公共行政评论，2017（05）：46-68.

② 孔娜，庄士成，汤建光. 长三角区域合作：基于"合作理性"的动力分析与思考［J］. 经济问题探索，2012（04）：40-43.

几种关系。在区域一体化的背景下，地方政府间财政合作的利益诉求一方面来自合作区成员政府共同争取中央特殊政策和财政支持的需要，用以实现区域经济的发展，提供优质的公共服务，应对来自区域外部的各类竞争；另一方面也是政府间经济利益与生态利益的体现，谋求区域经济的发展与生态利益并不冲突，不同行政区地方政府间合作解决跨区域环境问题，不仅是各辖区的利益所在，也是区域整体环境利益所在。

2. 公共问题的治理诉求

随着经济的发展、社会的转型和体制的转轨，流域治理、资源开发与环境保护等公共问题逐渐突破管辖区的束缚，呈现出跨地区的趋势，地方政府间的横向联系日趋紧密。跨界公共问题能否有效解决不仅关系到单个辖区的发展，还制约着整个区域经济社会的发展。对于区域性公共问题，由于外部性的存在，传统闭合的管理方式极易导致公共物品供给过剩与不足并存的问题。只有通过相关地方政府之间的合作才能实现公共产品和公共服务的有效供给，促使合作各方获得单方治理难以到达的利益。以流域为例，其过度开发无疑会对整个地区的生态环境带来破坏，从而影响区域的可持续发展。而相关政府间通过共同规划、开发、保护等多种形式的合作，能够更好地提高地方政府解决水资源环境跨界污染问题的能力，改善多方政府所处地域的环境状况，使得生态环境得到保护，资源得到更优的配置，区域竞争力得到提升。

3. 服务型政府建设诉求

建设服务型政府是行政体制改革的重要任务，是政府职能转变的方向，也是社会进步、民主发展的标志。所谓服务型政府，指各级政府及其工作人员在以人为本理念指导下，在法定程序的框架下，以社会公众的需求为出发点，运用有限管理社会的权利承担服务责任的政府。从定义中不难看出，服务型政府强调民意的主导性；强调政府行为方式的转变，即由"管制型政府"向"服务型政府"转变；强调政府责任，政府是真正意义上的人民公仆。服务型政府的主要职责包含制度供给、提供公共政策服务、提供公共产品和公共服务几方面。对于流域治理、大气污染防治等跨界生态问题，跨区域跨部门的沟通与合作是构建服务型政府的必然要求。横向的地方政府间合作能够更好地提高政府公共服务的能力，优化资源配置，从而使生态环境得以改善，区域竞争能力得以提升。

（三）地理区位因素

地理区位是人们在地理差异的基础上，按照一定的指标和方法划分出来的空间单位，是不同区域地理事物之间内在规律的体现。根据地理学的三分法，地理区位因素可以划分为自然地理区位、人文地理区位和经济地理区位。自然地理区位和人文地理区位又可以细分为科技地理区位、环境地理区位、文化地理区位和政治地理区位等；经济地理区位包含工业地理区位、农业地理区位、商贸地理区位等，前两者共同影响和制约着经济地理区位。地理区位因素为地方政府间的财政合作提供了空间上的便利性。以京津冀地区为例，2014年2月26日，习近平总书记在听取京津冀协同发展工作汇报时指出"京津冀地缘相接、人缘相亲，地域一体、文化一脉，历史渊源深厚、交往半径相宜，完全能够相互融合、协同发展"。《京津冀协同发展规划纲要》（2015年4月30日）也指出"要有序疏解北京非首都功能，在京津冀交通一体化、生态环境保护、产业升级转移等重点领域率先取得突破"。2015年8月23日，京津冀协同发展领导小组办公室负责人在接受采访时进一步明确了京津冀的整体定位，提出以"一核、双城、三轴、四区、多节点"为骨架，推动有序疏解北京非首都功能。空间分布的高度集聚性为京津冀协同发展奠定了基础。与此同时，水系湖泊等亦是环境治理跨区域合作的纽带。相邻的地理区位，相似的生态环境状况凸显了京津冀区域公共问题一体化的趋势。

二、环境治理跨区域财政合作模式

目前，我国环境治理跨区域合作存在多种形式。从合作的层面，可以分为优先合作领域和次级层面的领域（邓宏兵，2000）；从合作的内容，可以分为全面合作协议、单个行业的地方政府合作、立法合作等（杨龙，2008）；从合作的程度，可以分为初级、中级和高级[①]（黄雅屏，2011）；从时间和关系程度，可以分为间歇性协调、临时工作组，长期或经常性的协调（刘小泉，2016）。总体来看，这些模式可以概括为三种：单边合作模式、双边合作模式和多边合作模式。

---

①　初级阶段主要指单一目标、单一项目的合作开发和利用；中级阶段指多个目标多个项目协同合作开发；高级阶段指一体化、全方位纵深化的合作。

（一）单边合作模式

单边合作是政府间初期合作的常见模式。所谓单边合作模式，即为单向性的合作，以"局部服从整体"为原则，以合作中一方的目的或事项为主，着力满足一方的需求，另一方主要为需求方提供支持，其利益一般很少考虑。以京津冀地区为例，其协同发展始于 1958 年，中央为加强对地区经济的计划指导，协调各地区的经济联系，将全国划分为七个大区[①]，包含京津冀地区在内的华北经济协作区即为其中之一。进入 70 年代后，为平衡京津冀地区资源禀赋的差异，在中央的主导下，北京接收了大量来自河北省的能源、原材料和农产品。然而，随着持续的投入和建设，京津冀三个地区间的产业同构化问题日益凸显，工业化竞争愈演愈烈，中央政府规划的协作关系也逐渐弱化。1981 年，北京、天津、河北、内蒙古和山西五个省（自治区、直辖市）成立华北地区经济技术协作会，以协调地区间的物资，提高资源配置效率。协作会成立后，京津冀之间虽然成功建成几个合作项目，但是由于长期发展规划以及打破合作的惩罚机制的缺失，协作区最终停止活动。此后，京津冀地区由《京津冀都市圈区域规划》（2004 年 9 月），到《促进京津冀都市圈发展协调沟通机制建议》（2008 年 2 月），再到 2011 年首届京津冀区域合作高端会议，至《京津冀协同发展规划纲要》（2015 年 4 月）的审议通过，合作的范围更加广泛，进程不断加快。然而，《京津冀协同发展规划纲要》发布之初，有关三个地区的功能定位、产业分工等重大问题仍然没有具体的实施方案。在京津冀地区的合作中，河北省承担了巨大的压力。2015 年 3 月，全国政协十二届二次会议发布了由民建中央提出的《关于建立京津冀协作联动机制，强力推进京津冀大气污染治理的提案》。提案中指出"京津冀地区大气污染控制的重点和难点在河北。单纯依靠河北自身能力完成国家大气治理行动计划的各项目标任务还存在很大困难。"虽然政府层面联合防治雾霾的政策与相关措施不断强力推出，但是京津冀地区间治理雾霾的效果却并不明显。究其原因，主要在于地区间的合作仍处于初级阶段，合作并未形成长

---

① 七个大区包括东北、华北、华东、华南、华中、西北、西南，相当于基本经济区。1961 年，华中区与华南区合并成中南区，全国形成为六大经济协作区：东北（辽宁、吉林、黑龙江），华北（北京、天津、河北、山西、内蒙古），华东（上海、江苏、浙江、福建、山东、安徽、江西），中南（广东、湖北、湖南、河南、广西），西南（四川、贵州、云南、西藏），西北（陕西、甘肃、青海、宁夏、新疆）。台湾省及香港、澳门未包括在内。后因文化大革命，经济协作区被撤销。

效机制。由此可见，要切实推动地区间的合作，有必要打破地区间的壁垒，建立合作的长效机制，推动合作组织化与制度化。

（二）双边合作模式

所谓双边合作模式，是指建立在合作各方相互信任、相互平等、互惠互利基础上的合作，是一种互动式合作。随着经济的发展，出于应对跨边界公共事务、行政"碎片化"掣肘以及无序竞争的需要，地区间的合作由最初的自发性试探、短期合作，逐渐发展为经济社会全方位、多领域的交流与合作，合作的层次与质量也得到提升。随着合作的推进，政治动员与市场导向的影响不容忽视，我国独特的发展背景，国家层面的区域发展战略对于地方政府合作的推进也产生了实质性的影响。以京津冀地区环境治理的跨区域合作为例，三个地区的合作经历了从偶然性简单项目合作之"点"到多向领域之"线"再到全方面之"面"的发展过程①。具体而言，"点"式偶然合作主要依托于具体的合作项目，是一种问题式合作，是随机的、偶然的，"在时间上和空间上都具有非连续的特点，针对性较强"②。随着合作层次的提高，合作的内容从简单的生产要素扩展为复杂的产业转移与重组优化，开始走向双边区域内多领域的"线"性合作，直至双向多层次"面"式合作局面。然而，环境治理结构与过程的调整涉及区域间政治的发展、治理主体间利益的协调、互动模式的建立等复杂问题，为促使地区间环境治理的跨区域合作走向源头性、根源性，有必要对治理主体间的责任进行再分配，构建规范的合作机制，同时建立具有独立性权威的地区环境机构，促使跨区域环境治理得以落实。

（三）多边合作模式

多边合作是三个或三个以上省市之间全方位、多层次的深入合作。合作主要依靠地方政府主动联合，合作的前提是各方均可从合作中受益。从行政学角度，地方政府是多重利益角色的叠加和多层面地位的综合：既是中央政

---

① 张智新. 京津冀一体化协同发展亟待新的突破 [EB/OL]. （2014 – 07 – 14）［2018 – 05 – 21］. http://opinion. people. com. cn/n/2014/0724/c1003 – 25334773. html.

② 彭彦强. 基于行政权力分析的中国地方政府合作研究 [D]. 天津：南开大学，2010.

府在本辖区的代理者又是地方利益的代表者和具有自身独立利益的主体者①，既是辖区的管理者，又是地方公共物品的提供者。在多边合作中，地方政府间的地位平等，合作的形成需要经历达成共识、协商讨论等阶段。除此之外，还需要表达意愿的场所以及维持合作的机制。长江经济带覆盖上海、江苏、浙江等 11 省市，面积占全国的 21%，人口和经济总量均超过全国的 40%，生态地位重要、发展潜力巨大。然而，长江经济带的发展还面临诸多亟待解决的困难和问题，主要是生态环境状况形势严峻、长江水道存在瓶颈制约、区域发展不平衡问题突出、产业转型升级任务艰巨、区域合作机制尚不健全等。2016 年，为推动城市群协调发展，相关单位根据《国家新型城镇化规划（2014—2020 年)》《长江经济带发展规划纲要》等制定《长江三角洲城市群发展规划纲要》（以下简称《纲要》）并通过了国务院常务会议审议。《纲要》中明确提出推动生态共建环境共治，通过省级统筹推动城市群的生态建设联动，深化跨区域水污染联防联治和跨界水体联保行动，完善区域大气污染防治协作机制等，这些举措打破了行政区划的界限和壁垒，有利于区域生态环境质量的全面改善。除此之外，《纲要》还从创新驱动经济转型升级、创新一体化发展体制机制等方面为长三角城市群一体化发展提供支撑。由此可见，共同的利益诉求是合作形成的前提，《纲要》的制定又为合作的实现提供了保障。

三、环境治理跨区域财政合作体系

（一）环境治理跨区域合作过程

一般而言，地方政府间的合作要经历形成合作共识、达成合作协议、履行合作协议几个步骤。

1. 形成合作共识

在环境治理跨区域合作中，地方政府之间不存在领导与被领导的关系，其地位是平等的，因此，合作的达成需要各方一致的同意，也需要通过一定的程序。首先是确定合作的范围。从前文的论述中可以看出，地方政府间合作的内在驱动力主要来源于共同的利益诉求和公共问题的治理诉求。由此，

---

① 唐丽萍. 我国地方政府竞争中的地方治理研究［D］. 上海：复旦大学，2007.

合作的事项一方面是可以使各方收益的事情，例如跨行政区山河湖海的生态环境、环保基础设施的建设和维护等，只有当预期的收益大于为实现合作而支付的交易成本时，各地方政府才会有动力推动合作，进行协商谈判，解决问题；另一方面是具有"区域公共特性"的问题，这类问题由某一地方政府单独解决往往是缺乏效率的，例如流域治理、大气污染治理等超越了行政区边界的问题，如果没有地方政府间的联合行动，任何一方都难以避免损失。其次是通过协商谈判达成合作共识。协商谈判主要围绕合作的范围和方法、合作的预期收益、交易成本分担等具体事项，从而促使各地方政府间减少摩擦，达成合作的共识，以积极的态度对待合作。

2. 达成合作协议

利益的协调与共享是地方政府间合作过程中不容忽视的问题。在充分协商的基础上，通过签订协议或者契约的方式可以使合作各方表达其利益诉求，明确各方的权责，同时明确合作的成本分担和利益共享等问题，以此实现各方的一致同意。签订协议的过程也是各方达成承诺的过程，通过这个过程可以形成各地方政府之间以契约为保障的信任关系。合作规则的建立能够有效避免集体行动中的道德风险和逆向选择问题。

3. 履行合作协议

在履行合同的过程中，由于契约执行各方多层代理人的身份，为确保合作的可持续性，监督问题不容忽视。监督的权威主要来自各方的授权；监督部门可以是上一级政府，也可以是中介机构；监督的目的旨在减少地方政府在合作中可能出现的机会主义行为。通过相机进行的奖励与惩罚制度，能够有效实现地方政府本部门利益与区域整体利益的共荣，推动合作的有效开展。

（二）环境治理跨区域合作框架及要素

地方政府间财政合作机制与合作的过程相呼应，包含协商机制、承诺机制、执行机制和监督机制，各个机制又涵盖了影响政府间合作的各种要素，具体如下：

1. 协商机制及其要素

协商机制是指地方政府间在平等自愿的基础上，通过协商平台进行沟通交流，表达各方的意愿，针对需要解决的公共问题达成一致偏好，从而形成合作的共识。共同的利益实现是跨区域合作得以进行的基础和决定因素。相关利益在各参与主体间能否合理分配与跨界治理机构的可持续性息息相关。在这一前提下，通过协商谈判能够有效解决各方利益诉求的表达、合作成本与风险的分担、合作成果与收益的分配等问题。一个完整的协商过程包含协商主体、协商客体、协商手段三个要素。协商的主体包含具有利益相关性的各级地方政府和其他社会参与者。在协商过程中，地方政府间通过建立对话机制，利用掌握的信息与资金表达合作的意愿，从而形成横向的协调系统。由于生态问题与居民的共同利益息息相关，非政府组织与社会公众也是地方政府间合作的参与者。上述主体之间作为相互联系的部分参与协商合作。协商的客体即协商的主题，主要包括对地方发展有深远影响的重大问题，例如地区间雾霾的协同治理，这类问题涉及各方的利益，同时关系到地区的长远发展，相对容易达成合作共识。第二种是相关政策和规章制度的协商与整合，用于确保其科学性与时效性。第三种是重大突发性危机事件，如自然灾害，其范围超越了地方政府的管辖边界，因此需要政府间的合作。协商的手段包含正式的和非正式的两种。正式手段是指地方政府间通过制度化的渠道进行沟通，非正式手段主要包含个体之间、小团体和部门之间非制度化非正式的合作互动。

2. 承诺机制及其要素

所谓承诺机制，是指地方政府间通过正式与非正式的制度安排将合作共识确定下来，从而确保合作执行性的过程。正式的承诺是诉诸法律并由第三方验证信息的刚性承诺。例如，合作各方共同签署的协议、针对某一特定环境问题发布的地方性法规、红头文件等，都属于正式的承诺。这一类承诺具有规范性和约束性，有助于各参与方履行合作协议。法律和第三方的参与是正式承诺的构成要素。各方共同签署的合作协议在签订之时便具有了一定的法律效力。这种法律效力一方面能够确保双方在合作中有法可依，另一方面也能够通过强制性手段对不履约行为进行约束和处理。第三方的参与主要指中央政府的介入、公民的参与等地方政府之外的合作主体。第三方的参与能够有效避免地方政府间出于自身利益的考虑随意改变契约的内容，这种约束力增加了双方承诺的可信赖性。非正式承诺主要依靠合作者的相互信任、声誉机制这类非正式的社会规范来保障，如口头承诺。信任、互惠与声誉是非正式承诺的主要构成因素。信任是合作的基础，由于地方政府间并不存在行政上的隶属关系，再加上区域性监督机构的缺乏，合作的达成主要依赖于各方的相互信任。互惠是合作各方在不断交换过程中产生的利益关系，它的存在将参与者的部门利益与区域整体利益纳入同一个利益体系。尽管在短期内利益分配可能是不均衡的，但是从长期来看，各方都能从合作行为中得到回报。地方政府官员的声誉也是影响非正式承诺的重要因素。由于第三方监督机构的缺位，地方政府间合作的开展在很大程度上有赖于官员的声誉，取决于地方官员是否具有合作的动力。

3. 执行机制及其要素

执行机制即为地方政府间利用其人力、物力、财力等资源，贯彻、落实各方所签订的契约，确保各方承诺得以实现的管理机制。承诺的实现是地方政府间合作最重要的一环，再好的承诺如果不转化为实际行动，那么政府间的合作也就丧失其意义。执行机制确保了承诺结果的有效性。与协商机制类似，执行机制主要包括执行主体、执行客体和执行资源等要素。执行主体即为根据各方合作协议条款开展各项行动的人员和组织。地方政府官员是合作的主要执行者，由此对合作的执行起着至关重要的作用。他能否有效协调个人利益、部门利益与地区公共利益和区域公共利益之间的关系，直接关系到合作能否顺利实现。另外，合作的实现还需要机构完善、制度化的组织机构，用以协调各参与方、各部门之间的利益冲突，确保合作协议的有效执行。执行客体即为合作各方达成的合作协议。执行的资源主要有信息和财力两方面。信息的交流和传递是协调的重要保障[1]。协调、有效的信息交流，一方面能够促使各参与方调节其对合约的执行进度，使各方的行动步伐保持一致；另一方面也为后续的监督和评估提供了依据。合作的执行有赖于一定的物质基础和技术设备。财力是地方政府间长期合作的基础，也是实现资源在地区间合理分配的重要保障。生态环境的治理离不开政府持续的财政投入，地方政府间的合作实现也离不开财政的支持。因此，构建制度化的财政合作机制显得尤为重要。

4. 监督机制及其要素

为保证合作协议的执行效果同时避免各方在合作过程中出于自身利益的考量出现违约行为，监督机制的构建必不可少。对合作承诺各个环节的监督与控制贯穿合作的整个过程，能够有效确保合作协议的执行与合作目标的实

---

[1] 滕飞. 竞争、监督、共赢——构建利于区域环境治理的新型政府间关系 [J]. 现代经济信息，2009 (19)：20－21.

现。一个完整的监督机制包含制定标准、执行标准和纠正偏差三个环节。监督标准应与合作协议的目标相对应，对各地方的政府行为做统一规定并促使其认真执行。制定标准的过程也是将抽象的目标具体化的过程。在执行标准的过程中，通过将合作协议的实际执行情况与监督标准的对比得出两者的偏差，进而根据实际情况对偏差加以纠正，维持地方政府间合作的协调性和高效性。

（三）环境治理跨区域合作运行

合作机制和框架的构建解决了跨区域合作的可行性问题，然而在实际运行过程中，地方政府间的合作可能会遇到一系列的现实问题，因此还需要理清合作的运行机理，了解合作框架各要素的运行机制，从而更好地解决地方政府间在合作中遇到的难题。

1. 提出合作议题

共同的需求是合作的前提。对于雾霾治理、流域水环境治理等跨区域环境治理问题，要达成合作，地方政府间共同的愿景和一致的目标是前提，只有当地方政府间都有需求提供该项公共服务时，它才有可能成为合作的议题。在形成合作的共识之后，地方政府间通过协商谈判进一步确定合作的领域。

2. 进行协商谈判

协商谈判是各参与方表达自身意愿和利益的过程。协商的过程也是各参与方合作偏好达成一致的过程。由于地方政府间并不存在行政上的隶属关系，合作的达成就需要各方的一致同意，由单个政府决定合作的领域，并不意味着对方也愿意在该领域与其达成合作。通过充分的沟通与交流，各参与方进一步明确合作的领域，进而在"集体行动"的框架下寻求以最小的合作成本实现合作的目标。

3. 达成合作承诺

当地方政府间对于环境治理问题达成跨区域合作的共识时，即进入承诺阶段。从前文的分析可以看出，承诺在地方政府间合作过程中起到了承上启下的作用。通过法律和第三方参与构成的正式承诺以及由信任、互惠和声誉机制构成的非正式承诺，地方政府间将未来需要投入实施过程履行的合作共识形成各种类型的合作协议。承诺机制提升了合作协议的可信性。

4. 执行合作协议

执行合作协议的过程是地方政府间实现公共服务联合供给的过程，各参与方的合作通过这一过程得以真正实现。脱离合作的执行，前期有关合作的承诺只能是一纸空文。设计有效的激励机制是确保合作可执行性的必要条件。只有在各方利益相容的基础上，合作承诺才能够得到真正的执行。与此同时，制度化的监督机制和绩效评估机制也是不可或缺的环节。通过监督和评估，对违约者施以惩罚，纠正其偏差，从而确保合作的可持续性。

需要注意的是，地方政府间公共服务合作机制是非线性、循环的[①]。协商、承诺、执行与监督在合作实施的过程中不断循环往复，利益的博弈和信任的维系贯穿其中，一旦平衡被打断，就要从协商开始，重新达成合作共识。虽然合作过程的各个阶段具有不同的作用和功能，是相对独立运作的，但是其最终目的还是确保合作的有效运行，实现合作机制的整体功能，它们又是相互衔接、相互交叉、缺一不可的。

四、跨区域财政合作促进环境治理的作用机理

环境治理跨区域财政合作的理论逻辑源于大气、水资源环境等污染治理的基本特征。环境污染治理的公共性与外部性要求地方政府间加强财政合作，兼顾各方利益，确保跨区域环境治理的稳定性与长效性。跨区域财政合作对环境治理的影响主要体现在财政环保支出、转移支付和税收政策三方面。

（一）财政环保支出

生态环境污染的治理需要政府的介入，政府用于环境保护的财政支出能够有效减少污染物的排放。财政投入对环境治理的影响主要体现在对产业结构、公共交通、城市园林绿化、污染物处理等方面的支出上。在产业结构的调整上，政府对节能技术、清洁能源和产业结构升级重点环节的投入，能够有效改善能源消费结构，降低能耗，从而达到改善生态环境的目的；在公共交通方面，政府通过调整财政支出结构，增加公共交通建设（如公共车道建设、公交车辆增加、地铁建设等）方面的经费，能够有效改善居民出行状况，增加公共交通的吸引力，从而缓解城市交通问题，实现人类社会可持续发展；通过政府对城市园林绿化的投入，能够有效改善地表生态环境，提高

---

① 尹艳红.地方政府间公共服务合作的机制逻辑框架探析［J］.四川行政学院学报，2012（04）：5-8.

植被对污染物的吸附能力，减少沙尘，从而有效治理大气污染；污染物处理方面，政府通过对工业固体废弃物、生活垃圾、危险废物处理等方面的投入，能够有效减少污染物的产生量和危害性，通过对污染物的无害化处理，促进清洁生产和循环经济发展。对于跨区域环境治理，共同的财政基金为区域公共事务的解决、区域均衡发展提供了重要的财政保障。2012年，上海、江苏、浙江和安徽各自出资1000万元，设立"长江三角合作与发展共同促进基金"，由长三角合作与发展联席会议办公室负责管理，在上海设立统一账户，用以解决跨区域发展过程中任何一方难以单独解决的重大问题，促进区域一体化。共同促进基金在跨区域公共服务供给、产业升级等领域发挥了积极的作用。

（二）转移支付

环境质量与经济增长之间存在环境库兹涅茨倒"U"形曲线关系，反映了环境保护的阶段性特征[①]。与此同时，要素禀赋和主体功能定位的不同使得区域间经济发展出现差异。而财政合作能够有效缓解地方政府环境治理的财政负担，为跨区域环境治理提供长期有效的物力保障，确保地区间合作的稳定性。这一功能主要是通过转移支付实现的，通过转移支付制度能够有效调整供给结构，协调和平衡区域间财政能力，从而缓解地区间环境治理压力，使区域内基本公共服务供给达到一种基本均衡的状态。转移支付包含中央政府对地方政府的纵向转移支付和地方政府间的横向转移支付两种。中央财政通过一般性转移支付和专项转移支付引导地方政府调整财政支出结构，增加环保节能支出，增进地区间协同合作。2017年，中央财政在大气污染防治方面安排专项资金160亿元，用于改善京津冀及周边、长三角、珠三角13个省（区、市）区域空气质量。在水污染防治方面安排专项资金85亿元，支持重点流域水污染防治、区域水环境综合整治、截污纳管等[②]。地区间财政能力和财政供给结构的非均衡使得生态补偿类横向转移支付成为平衡地区间差异

---

① 苏明，刘军民，张洁. 促进环境保护的公共财政政策研究［J］. 财政研究，2008（07）：20－33.

② 数据来源：2017年11月24日经济参考报。

的重要手段。京津冀大气污染防治核心区①设立后，北京市与保定市、廊坊市，天津市与唐山市、沧州市分别建立了大气污染治理"2+4"结对工作机制，京津两市重点在资金、技术方面支持河北四市，落实重点工程项目，共同加快区域大气污染治理步伐。2015年和2016年，北京市、天津市分别支持河北省四市大气污染治理资金9.62亿元和8亿元；2017年，北京市支持保定、廊坊两市1亿元资金淘汰燃煤锅炉135台997蒸吨。2017年，京津冀三地 PM2.5 年均浓度为64微克/立方米，较2016年同比下降9.9%。区域内70个城市平均空气重污染天数明显下降，区域空气质量继续呈现整体改善趋势②。

（三）税收政策

税收政策对环境治理的作用机理主要体现在对能源结构、产业结构和微观个体排污行为的影响方面。在对能源结构的影响方面，通过对二氧化硫征税，能够对生产者产生较强的刺激信号，促使其改变企业燃料结构，采取污染控制措施，从而调节相关产品的产量；与此同时，通过给予科技进步和技术创新企业一定的税收优惠政策，也能够有效促进经济增长方式的转变。在产业结构的调整上，通过引导新兴和高端服务业发展，加大对企业研发投入的优惠力度推动高新技术产业化，促进产业结构优化升级。在对微观个体排污行为的影响方面，通过向环境排放应税污染物的企业事业单位和其他生产经营者征收环保税，能够有效引导其降低能耗、提高效能，从而减少污染物排放，推进生态文明建设。对于环境治理跨区域合作，区域级的税收征管机构能够实现各省污染治理资源的优化配置，协调地区间税收争议，实现地区间税收利益的协调，从而为区域合作打下坚实的基础。

---

① 2015年5月26日，京津冀及周边地区大气污染防治协作小组第四次工作会议日前审议通过了《京津冀及周边地区大气污染联防联控2015年重点工作》，北京、天津以及河北省唐山、廊坊、保定、沧州6个城市被划为京津冀大气污染防治核心区。

② 数据来源：《北京市环境状况公报》（2016年、2017年）。

第三章 环境治理跨区域合作现状

第一节 京津冀雾霾治理府际合作

Tobler（1970）[①] 提出的"地理学第一定律"指出，"任何事物都是与其他事物相关的，相近的事物关联更紧密"。地理上的毗邻与地理要素的流动性使得雾霾污染表现出明显的区域特征，并逐渐成为社会公众广泛关注的区域性环境问题。地方政府"以邻为壑"的福利倾向也导致以行政区划为主的环境治理属地管理模式不能有效解决跨区域污染问题，因此，有必要打破行政区划的壁垒，寻求地区间的合作。本节以京津冀地区的雾霾治理合作为例，分析了地方政府间环境治理跨区域的合作现状。

一、京津冀雾霾治理府际合作背景

根据《2017 年环境质量状况公报》，2017 年京津冀地区 13 个城市优良天数比例平均值为 56.0%，同比下降 0.8 个百分点；平均超标天数比例为 44.0%；超标天数中，以 $PM_{2.5}$、O_3、PM_{10} 和 NO_2 为首要污染物的天数分别占污染总天数的 50.3%、41.0%、8.9% 和 0.35%。表 3 - 1 反映了 2017 年京津冀主要大气污染物排放强度。从单位面积污染物排放量来看，京津冀国土面积占全国的 2.3%，2017 年二氧化硫、氮氧化物、颗粒物排放量分别占全国的 6.2%、9.9% 和 4.4%，单位面积排放量分别为全国平均水平的 5.6 倍、3.4 倍和 1.9 倍。从单位产值污染物排放强度来看，2016 年京津冀万元 GDP

---

① TOBLER W R. A computer movie simulating urban growth in the Detroit region ［J］. Economic Gecgraphy, 1970, 46（sup1）: 234 – 240.

二氧化硫、氮氧化物、烟（粉）尘排放量分别占全国平均值的 79.7%、96.5% 和 133.3%，其中，河北省万元 GDP 排放强度分别为全国平均水平的 1.6 倍、1.8 倍和 2.8 倍，是全国唯一一个氮氧化物和烟（粉）尘排放量均超过 100 万吨的省份。从能源消耗强度来看，2016 年，京津冀地区生产总值占全国的 10.2%，能源消费量占全国的 13.2%，其中煤炭消耗量占 12.2%。钢铁大省河北省的能源消耗量更是占全国的 9.8%，其中煤炭消耗量将近 3 亿吨[1]。高强度的能源消耗和大气污染物排放严重影响了京津冀地区的大气环境质量。根据《2016 年北京市环境状况公报》，煤、石油及其制品、天然气等燃料燃烧过程，是 $PM_{2.5}$ 和臭氧的重要前体物之一，是大气污染治理的重点污染物。雾霾来源和构成的复杂性以及大气扩散条件的不利影响使得大气污染防治成为系统化、长期性的工程，同时也需要地区间打破行政区划的限制，建立长期有效的合作伙伴关系，联合治理污染。

表 3 − 1　　　　　2017 年京津冀主要大气污染物排放强度

地区	单位面积污染物排放量（吨/平方公里）			万元 GDP 污染物排放强度（吨/万元）		
	二氧化硫	氮氧化物	颗粒物	二氧化硫	氮氧化物	颗粒物
北京	0.28	6.61	1.91	0.17	4.01	1.16
天津	1.98	11.75	3.13	1.28	7.60	2.02
河北	2.12	8.02	3.51	11.82	44.77	19.58
京津冀	4.08	6.24	3.36	5.34	22.05	9.13
全国	0.73	1.86	1.75	8.44	21.64	20.42

数据来源：《中国统计年鉴（2018）》。

图 3 − 1 反映了 2007—2019 年京津冀地区节能环保支出情况。从图中不难看出，北京、天津和河北三个地区节能环保支出总体呈上升趋势，这说明随着经济的发展，各地区逐渐重视环境质量的改善。这也为环境治理跨区域合作奠定了坚实的财力基础。

二、京津冀雾霾治理府际合作驱动力

京津冀雾霾治理府际合作的动力一方面来自顶层设计出台的助推作用，另一方面来自区域生态环境治理的现实需要。京津冀地区间的合作源于 1982

---

[1] 数据来源：《中国统计年鉴》《河北经济年鉴》。

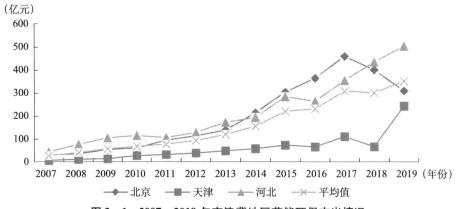

图 3 − 1 2007—2019 年京津冀地区节能环保支出情况

年《北京城市建设总体规划》的出台，方案首次提出"首都圈"的概念。
1996 年《北京市经济发展战略研究报告》中进一步提出"首都经济圈"的
概念。2004 年，京津冀地区经济发展战略研讨会召开，达成旨在推进"京津
冀经济一体化"的"廊坊共识"。同年，商务部和京、津、冀等 7 个省市区
达成《环渤海区域合作框架协议》，至此，京津冀区域合作由学术界务虚转
入了政府实质性操作阶段①。表 3 − 2 反映了推动京津冀雾霾治理政府间合作
的相关政策文件。区域经济一体化背景下的区域合作为京津冀雾霾治理合作
奠定了基础，《京津冀都市圈区域规划》《京津冀协同发展规划纲要》和《京
津冀"十三五"规划》等文件都提出通过区域协作改善区域性生态环境。
《重点区域大气污染防治"十二五"规划》（环发〔2012〕130 号）、《大气污
染防治行动计划》（国发〔2013〕37 号）、《打赢蓝天保卫战三年行动计划》
（国发〔2018〕22 号）更是明确指出要建立区域协作机制，强化区域联防联
控，协调解决区域突出环境问题。顶层设计的出台是地方政府间合作的重要
推动力。根据前文的分析，京津冀国土面积占全国的 2.3%，而 2016 年单位
面积大气污染物排放量却是全国平均水平的 3 倍以上。2018 年 5 月，74 城
市②平均空气质量优良天数比例为 74.6%，其中，长三角为 74.4%，珠三角

---

① 田勇. "廊坊共识"揭开燕赵整合序幕——访河北省省长季允石〔J〕. 中国改革, 2004
（07）: 17 − 21.
② 京津冀、长三角、珠三角等重点地区及直辖市、省会城市和计划单列市共 74 个城市（简称
74 城市）自 2013 年 1 月开始按照《环境空气质量标准》（GB3095 − 2012）开展监测和评价。

为 89.2%，而京津冀区域 13 个城市平均比例仅为 50.7%①，远低于 74 城市平均水平。相近的地理区位使得京津冀地区的大气污染呈现出明显的区域协同特征，从而导致相邻地区间的生态环境相互影响、互为依存。因此，有必要建立健全区域合作机制，促使地方政府间由"分而治之"走向伙伴式的协作。

表 3-2　　　　　　推动京津冀雾霾治理政府间合作相关政策文件

文件	发布时间	主要内容
《北京市经济发展战略研究报告》	1996 年	建立以北京和天津为中心，包括唐山、秦皇岛、承德、张家口、保定、廊坊、沧州 7 市在内的首都经济圈。
《京津冀都市圈区域规划》	2010 年 8 月	明确北京、天津发展的基本职能，统筹京津两大都市与周边区域的关系；合理规划京津冀都市圈的土地利用总体布局，明确不同区域发展的主体功能；形成高效的区域性基础设施体系；加强空间管制，改善区域性生态环境，形成一个优美的大都市经济区。
《重点区域大气污染防治"十二五"规划》	2012 年 10 月	统筹区域环境资源，优化产业结构与布局；加强能源清洁利用，控制区域煤炭消费总量；深化大气污染治理，实施多污染物协同控制；创新区域管理机制，提升联防联控管理能力。
《大气污染防治行动计划》	2013 年 9 月	加大综合治理力度，减少多污染物排放；调整优化产业结构，推动产业转型升级；加快企业技术改造，提高科技创新能力；加快调整能源结构，增加清洁能源供应；严格节能环保准入，优化产业空间布局；发挥市场机制作用，完善环境经济政策；健全法律法规体系，严格依法监督管理；建立区域协作机制，统筹区域环境治理；建立监测预警应急体系，妥善应对重污染天气；明确政府企业和社会的责任，动员全民参与环境保护。
《京津冀协同发展规划纲要》	2015 年 4 月	加强生态环境保护和治理，扩大区域生态空间。重点是联防联控环境污染，建立一体化的环境准入和退出机制，加强环境污染治理。
《京津冀"十三五"规划》	2016 年 2 月	绿色发展方面，构建区域生态屏障，推动京津保地区过渡带成片林地建设，加强水源涵养林和防风固沙林建设，加快建设环首都公园，加强海洋生态保护，强化大气污染防治，加强水土资源节约集约利用。
《打赢蓝天保卫战三年行动计划》	2018 年 6 月	将京津冀及周边地区、长三角、汾渭平原划为重点区域范围，提出强化区域联防联控，有效应对重污染天气，建立完善区域大气污染防治协作机制，加强重污染天气应急联动，夯实应急减排措施等具体要求。
《2019—2020 年京津冀生态环境执法重点工作通知》	2019 年 7 月	在以往大气为主的联动执法基础上，实现大气、水、固体废弃物全要素、多领域的联合执法，在重点时段针对重点问题同向发力，共享数据信息、共享执法成果，形成深层次、多角度、全维度的执法联动体系。

①　数据来源：《中华人民共和国生态环境部城市空气质量状况月报》。

我国环境治理跨区域财政合作机制研究

续表

文件	发布时间	主要内容
《2020—2021 年京津冀生态环境执法联动重点工作》	2020 年 8 月	积极开展移动源执法，共同探索京津冀新车抽检协同机制，在数据共享、执法一致性、油品质量控制、添加剂管理等方面加强协同。

资料来源：作者根据相关政策文件整理。

三、京津冀雾霾治理府际合作现状

2013 年国务院发布大气污染防治十条措施，明确提出建立环渤海包括京津冀、长三角、珠三角等区域联防联控机制。京津冀地区为治理大气污染不断加强地区间合作，由最初的顶层设计到协作机制建设再到治理措施的落实，合作程度不断加深，具体体现在以下几个方面：

（一）协商机制层面

2013 年 10 月，由北京市牵头，天津、河北、山西、内蒙古和山东六个省（区、市）和原环境保护部、发展改革委、工信部等七个部委共同成立京津冀及周边地区大气污染防治协作小组，并进一步成立大气污染防治专家委员会，为区域大气污染治理提供支撑。2018 年 7 月，为推动完善京津冀及周边地区大气污染联防联控协作机制，国务院办公厅将京津冀及周边地区大气污染防治协作小组调整为京津冀及周边地区大气污染防治领导小组。领导小组的成立进一步提升了京津冀及周边地区大气污染防治工作的统筹层面、推进力度和协作程度。

（二）承诺机制层面

2013 年 9 月，原环境保护部、发展改革委等 6 部门联合印发《京津冀及周边地区落实大气污染防治行动计划实施细则》（环发〔2013〕104 号），旨在加大京津冀及周边地区大气污染防治工作力度，切实改善环境空气质量。2015 年 7 月，京津冀地区启动编制《京津冀区域大气污染控制中长期规划》，成为我国首部区域空气质量中长期规划。规划系统安排了京津冀区域的大气污染治理工作，明确了空气改善的具体时间表，并进一步明确了奖惩原则，以推进区域空气质量切实改善。2015 年 11 月，京津冀三地环保厅（局）签署《京津冀区域环境保护率先突破合作框架协议》，明确了以大气、水、土壤污染防治为重点，以联合立法、统一规则、统一标准、统一检测、协同治污等十个方面为突破口，联防联控，共同改善区域生态环境质量。2016 年 7 月，环保部和京津冀三地联合发布《京津冀大气污染防治强化措施（2016—2017 年)》（环大气〔2016〕80 号），要求京津冀以及保定、廊坊、沧州、唐山市组织制定本地 2017 年达到空气质量目标细化方案，及时分解落实任务措施。2017 年 5 月，中央全面深化改革领导小组第三十五次会议审议通过了《跨地区环保机构试点方案》。会议指出"在京津冀及周边地区开展跨地区环保机构试点，要围绕改善大气环境质量、解决突出大气环境问题，理顺整合大气环境管理职责，探索建立跨地区环保机构，深化京津冀及周边地区污染联防联控协作机制，实现统一规划、统一标准、统一环评、统一监测、统一执法，推动形成区域环境治理新格局。"2017 年 8 月，原环境保护部、发展改革委、工业和信息化部、公安部等多个部委联合北京、天津、河北、山西、河南 6 地人民政府发布了关于印发《京津冀及周边地区 2017—2018 年秋冬季大气污染综合治理攻坚行动方案》的通知（环大气〔2017〕110 号），要求 2017 年 10 月至 2018 年 3 月，京津冀大气污染传输通道城市 PM$_{2.5}$ 平均浓度同比下降 15% 以上，重污染天数同比下降 15% 以上。此外，京津冀地区还发布实施了推进成品油质量升级、推进电能替代、淘汰落后产能等政策文件，加快推进重点领域污染减排、加强燃煤污染治理、加大机动车污染控制、进一步淘汰落后产能。2018 年 7 月，发布《2018—2019 年京津冀环境执法联动重点工作》，明确了联动执法重点。2019 年与 2020 年连续发布京津冀生态环境执法重点，逐步形成深层次、多角度、全维度的执法联动体系。

（三）执行机制层面

2016 年 3 月，"京津冀核心区"六市率先试行统一的重污染预警分级标准[①]，统一预警标准大幅提高了"橙色预警"和"红色预警"的启动门槛，

[①] 预警分级标准统一为"蓝""黄""橙""红"四级。据介绍，预测空气质量指数（AQI）日均值大于 200 且未达到高级别预警条件时，启动"蓝色预警"；预测 AQI 日均值大于 200 将持续 2 天及以上且未达到高级别预警条件时，启动"黄色预警"；预测 AQI 日均值大于 200 将持续 3 天，且出现 AQI 日均值大于 300 的情况时，启动"橙色预警"；预测 AQI 日均值大于 200 将持续 4 天及以上，且 AQI 日均值大于 300 将持续 2 天及以上时，或预测 AQI 日均值达到 500 并将持续 1 天及以上时，启动"红色预警"。

对于河北省四市而言，新的预警分级标准愈加严格。同年，建成京津冀及周边地区大气污染防治信息共享平台，实现七省（区、市）空气质量、重点污染源排放等信息实时共享。

第二节　泛珠三角区域环境治理跨区域合作

泛珠三角区域包含了中国华南、东南和西南的九个省份及两个特别行政区（简称"9＋2"）[①]，覆盖了中国 1/5 的国土面积，与国内其他区域相同，泛珠三角区域在经济高速增长的同时也面临着严峻的环境污染问题。本节着重介绍了泛珠三角区域在环境治理方面的合作情况。

一、泛珠三角区域环境治理跨区域合作背景

（一）水环境质量有下降趋势

尽管珠江流域干流水质良好，但城市及工业区江段和内河污染严重，水环境质量呈下降趋势。根据 2017 年《中国生态环境状况公报》，珠江干流 50 个水质断面中，Ⅰ—Ⅲ类水质断面占 84%，Ⅳ类、Ⅴ类占 12%，劣Ⅴ类占 2.0%。与 2016 年相比，Ⅰ—Ⅲ类水质断面比例下降 2.0 个百分点，劣Ⅴ类上升 2.0 个百分点，其他类均持平。图 3－2 反映了 2007—2016 年本区域内地九省（区）废水排放情况。从图中不难看出，九省（区）废污水排放量整体呈上升趋势。从九省（区）废水排放量占全国排放总量的比重来看，2016 年九省（区）废水排放量占全国排放总量的 36.1%，比去年同期增加 1 个百分点；COD 排放量虽然整体呈下降趋势，但九省（区）COD 排放总量占全国排放总量的比重却由 2015 年的 31.7% 上升为 2016 年的 41.2%。总体来看，区域污染物排放总量呈增加趋势。

---

① 分别是福建、江西、湖南、广东、广西、海南、四川、贵州、云南九省（区）和香港、澳门两个特别行政区（简称"9＋2"）。

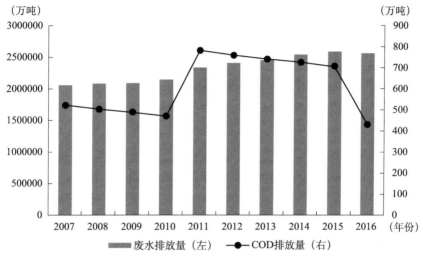

图 3 - 2　2007—2016 年九省（区）废水排放情况

（二）大气环境形势严峻

酸雨污染问题突出，泛珠三角区域内九省（区）除海南省外，大多数处于我国酸雨污染的主要分布区，其中有 79 个城市属于国家划定的酸雨控制区，2016 年全国较重酸雨区中有将近一半位于泛珠三角区域。从大气污染物排放情况来看，2015 年，九省（区）二氧化硫排放总量为 474.75 万吨，占全国排放总量的 25.5%；2016 年，九省（区）二氧化硫排放总量为 304.62 万吨，占全国排放总量的 27.6%，大气环境形势严峻。

二、泛珠三角区域环境治理政府间合作顶层设计

基于共同环境利益的追求，泛珠三角区域积极开展区域环境合作。表 3 - 3 反映了 2004—2019 年泛珠三角区域签订的合作规划。泛珠三角区域环境治理政府间合作源于 2004 年《泛珠三角区域合作框架协议》的签订，《协议》中明确规定了基础设施、产业与投资、农业、环境保护、信息化建设等十大合作领域，对于合作机制建设、合作平台构建也都提出了明确的要求，为泛珠三角区域环境治理政府间合作奠定了坚实的基础。此后，泛珠三角区域各地方政府间签订了多项合作规划，顶层设计的出台为合作各类事项的落实提供了依据，能够有效推动合作机制的健全，拓宽合作领域，提高合作水平。除

此之外,《国务院关于深化泛珠三角区域合作的指导意见》(国发〔2016〕18号)、《北部湾城市群发展规划》(发改规划〔2017〕277号)、《推进交通运输生态文明建设实施方案》(交规划发〔2017〕45号)等中央政策文件的出台对于深化泛珠三角区域环境治理政府间合作也起到了重要的助推作用。

表 3-3   泛珠三角区域合作规划

规划名称	发布时间	主要内容
《泛珠三角区域合作框架协议》	2004年6月	建立区域环境保护协作机制,制定区域环境保护规划,加大珠江流域特别是中上游地区生态建设力度,强化区域内资源的保护,提高区域整体环境质量和可持续发展能力。
《泛珠三角区域环境保护合作协议》	2005年4月	生态环境保护合作方面,加强区域内各省区生态功能区规划、环境保护规划的协调、衔接与合作;水环境保护合作方面,建立流域上下游和海域环境联防联治水环境管理机制,协调解决跨地区、跨流域重大环境问题;大气污染防治合作方面,共同探讨酸雨和二氧化硫污染区域防治途径。
《泛珠三角区域信息化合作专项规划纲要》	2005年8月	建设区域合作综合信息交流平台,实现泛珠三角各领域信息互通共享。
《泛珠三角区域合作发展规划纲要(2006—2020年)》	2006年3月	环境保护领域全面启动生态环境保护、污染防治、环境监测、环境宣传教育、环境科技与环保产业方面的全方位合作。建立跨界污染协调机制、跨界污染事故应急处理机制、水环境安全保障和预警机制,建立泛珠三角区域水环境监测网络和环境数据管理平台。
《泛珠三角区域环境保护合作专项规划(2005—2010年)》	2006年3月	提出解决泛珠三角区域整体协调、共同发展的污染防治思路和对策措施,促进泛珠三角区域的共同繁荣。相关的合作主要有生态保护合作、水环境保护合作、大气污染防治合作等。
《泛珠三角区域信息化合作专项规划(2005—2010年)》	2006年3月	建设区域综合信息交流平台,用信息化促进各领域的合作,加强区域信息安全保障体系建设,加强公共应用基础设施共建共享。
《泛珠三角区域深化合作共同宣言(2015—2025年)》	2014年10月	在环境生态领域建立区域环境保护协作机制,制定区域环境保护规划,加大珠江流域特别是中上游地区生态建设力度,加大跨省(区)江河流域水环境协调保护,强化区域内资源的保护,提高区域整体环境质量和可持续发展能力。
《推进珠江水运绿色发展行动方案》	2018年5月	加强航道建设生态保护,加强航道生态修复,改善航道区域生态环境质量。
《粤桂黔高铁经济带合作试验区广东园云浮分园发展总体规划(2017—2030)》	2019年11月	以高铁为纽带,与高铁沿线地区在生态共建和环境联治、资源集约节约利用等方面加强探索和合作,打造绿色发展先行区。

资料来源:泛珠三角合作信息网。

三、泛珠三角区域环境治理政府间合作现状

（一）协商机制层面

建立内地省长、自治区主席和港澳行政首长联席会议制度、港澳相应人员参加的政府秘书长协调制度、泛珠三角区域非官方（包括中介机构、民间组织等）协调机制；建立部门衔接落实制度、"泛珠三角区域合作与发展论坛"，以推动合作各方的协商与衔接落实，对具体合作项目及相关事宜提出工作措施；设立日常工作办公室，负责区域合作日常工作。

（二）承诺机制层面

泛珠三角区域各地方政府签订了环境保护专项合作规划、信息合作专项合作规划（见表3-3）等相关文件，明确了合作的指导思想、合作领域和主要任务，同时对合作机制以及相关保障机制的构建做出了明确的规定。2018年5月，交通运输部和广东、广西、贵州、云南省（自治区）共同制定《推进珠江水运绿色发展行动方案》（以下简称《方案》），《方案》中明确规定至2020年前，完成1—3个生态航道示范工程建设，完成1—3个航道生态修复示范工程建设，完成珠江航运综合信息服务系统工程的建设，建立环保监管机制和部门联合监管机制。"区域环境协议"为合作提供了坚实的法律基础和制度保障。

（三）执行机制层面

泛珠三角区域环境治理政府间合作的执行机制主要由以下几方面构成：一是专题工作小组，成立了水环境保护、环境监测、环境保护宣教等专题工作小组，开展具体的专项合作。二是环境保护工作交流和情况通报制度，定期通报和交流各省（区）环境保护工作情况，发布各类监测信息、报告；定期组织各种形式的环境保护区域论坛、研讨会。三是环境检测网络和环境数据管理平台。这些制度的建立为环境治理政府间合作提供了夯实的平台。

第三节 长江三角洲区域 "环保联盟"

长江三角洲是我国第一大经济区，随着社会经济的高速发展，高度集聚的人口和产业、高强度的污染排放带来一系列的环境问题，尤以跨界污染问题最为突出。面对跨行政区环境污染的严峻形势，长江三角洲区域地方政府间不断加强合作，取得了明显成效。本节从长江三角洲区域环境污染现状着手，梳理了推动长三角环境治理政府间合作的相关政策文件，在此基础上总结归纳了长江三角洲地区环境治理政府间合作的现状。

一、长江三角洲区域环境治理跨区域合作背景

表3-4、表3-5分别反映了2016年长江三角洲区域单位面积和单位产值污染物排放强度。从单位面积污染物排放量来看，长三角国土面积占全国的2.19%，2016年一般固体废弃物、废水、二氧化硫、氮氧化物和烟（粉）尘排放量分别占全国的5.7%、17.8%、8.2%、10.6%和7.3%，单位面积排放量分别为全国平均水平的2.6倍、8.3倍、3.9倍、4.9倍和3.4倍。从单位产值污染物排放强度来看，2016年长三角万元GDP一般固体废弃物、废水、二氧化硫、氮氧化物和烟（粉）尘排放量分别占全国平均值的27.7%、86.8%、40.3%、51.6%和35.3%。无论是单位面积污染物排放还是单位产值污染物排放，长三角区域环境形势依然严峻。

表3-4　　　　2016年长江三角洲区域单位面积污染物排放量　单位：吨/平方公里

	一般工业固体废弃物	废水	二氧化硫	氮氧化物	烟（粉）尘
上海	2649.84	348199.98	11.70	26.23	12.54
江苏	1164.90	61662.40	5.70	9.30	4.72
浙江	426.30	43085.68	2.68	3.80	1.82
长三角	852.57	61463.58	4.42	7.16	3.55
全国	322.09	7407.24	1.15	1.45	1.05

数据来源：《中国统计年鉴》。

表 3－5　　　　2016 年长江三角洲区域单位产值污染物排放量　　　单位：吨/万元

	一般工业固体废弃物	废水	二氧化硫	氮氧化物	烟（粉）尘
上海	596.20	78342.57	2.63	5.90	2.82
江苏	1505.27	79679.25	7.37	12.02	6.10
浙江	902.20	91184.00	5.68	8.05	3.86
长三角	1151.17	82990.04	5.97	9.67	4.80
全国	4155.34	95561.00	14.82	18.74	13.58

数据来源：《中国统计年鉴》。

二、长江三角洲环境治理政府间合作顶层设计

为推动长江三角洲区域环境治理政府间合作，中央和地方制定并出台了一系列的政策或规划（见表 3－6）。这些政策或规划的出台对于明确地方政府间环境责任，引导和规范地方政府间环境合作发挥了举足轻重的作用。尤其是中央政府的权威介入和政策引导，成为环境治理政府间合作的强大推动力。

表 3－6　　　　推动长江三角洲环境治理政府间合作相关政策文件

文件	发布时间	相关内容
《太湖流域片省际边界水事协调工作规约》	2002 年 4 月	理顺省际水事关系，明确责任，相互协作，积极预防和稳妥处理水事纠纷。
《太湖流域水环境综合治理总体方案》	2008 年 5 月	"两省一市"共同实施一批重点治污工程，加强太湖主要出入湖和跨界河流的综合整治。
《国务院关于进一步推进长江三角洲地区改革开放和经济社会发展的指导意见》	2008 年 9 月	加强区域生态环境的共同建设、共同保护和共同治理；完善区域污染联防机制，推进区域环境保护基础设施共建、信息共享和污染综合整治；建立健全社会公众参与和监督机制；落实污染减排考核和责任追究；研究推进排污权交易和建立生态环境补偿机制。
《关于推进大气污染联防联控工作改善区域空气质量的指导意见》	2010 年 5 月	建立区域大气污染联防联控的协调机制，组织编制重点区域大气污染联防联控规划。
《长江三角洲地区区域规划（2010—2015）》	2010 年 5 月	完善水污染区域联防联控机制，建立健全区域大气污染联防联控机制，开展区域生态环境补偿机制试点，设立生态文明建设示范区。

我国环境治理跨区域财政合作机制研究

续表

文件	发布时间	相关内容
《重点区域大气污染防治"十二五"规划》	2012 年 10 月	建立统一协调的区域联防联控工作机制、区域大气环境联合执法监管机制、重大项目环境影响评价会商机制、环境信息共享机制和区域大气污染预警应急机制。
《大气污染防治行动计划》	2013 年 9 月	建立区域大气污染防治协作机制,由区域省际人民政府和国务院有关部门参加,协调解决区域突出环境问题,组织实施环评会商、联合执法、信息共享、预警应急等大气污染防治措施,通报区域大气污染防治工作进展,研究确定阶段性工作要求、工作重点和主要任务。
《太湖流域水环境综合治理总体方案(2013 年修编)》	2013 年 12 月	建立并完善太湖流域水环境治理协商机制,提高自主管理流域水环境事务的能力。
《长三角地区重点行业大气污染限期治理方案》	2014 年 11 月	要求长三角地区 543 家企业、1027 条生产线或机组全部建成满足排放标准和总量控制要求的治污工程,设施建设运行和污染物去除效率达到国家有关规定,二氧化硫、氮氧化物、烟(粉)尘等主要大气污染物排放总量均较 2013 年下降 30% 以上。
《长江三角洲城市群发展规划》	2016 年 6 月	实施生态建设与修复工程,深化大气、土壤和水污染跨区域联防联治,建立地区间生态保护补偿机制。

资料来源:作者根据相关政策文件整理。

三、长江三角洲环境治理政府间合作现状

(一)协商机制层面

一是确定联席会议制度。2007 年 5 月底,太湖蓝藻大规模集中暴发,导致水源地水质遭受严重污染。为此,国务院于 2008 年 5 月批复了《太湖流域水环境综合治理总体方案》,建立了由国家发改委牵头的太湖流域水环境综合治理省部际联席会议制度,旨在统筹协调流域水环境治理的各项工作,增强流域水环境综合治理能力。二是成立跨界纠纷处置和应急联动工作领导小组和污染防治协作小组。2013 年 5 月,上海、江苏、浙江和安徽三省一市签订《长三角地区跨界环境污染事件应急联动工作方案》,成立长三角地区跨界环境污染纠纷处置和应急联动工作领导小组,用以协调和处置重大跨界环境污染纠纷和突发环境事件。2014 年 1 月成立长三角区域大气污染防治协作小组,2016 年 12 月成立长三角区域水污染防治协作小组。协作小组主要负

责推进区域环境污染防治联防联控，推进信息共享和应急联动。根据相应的工作章程，协作小组每年召开一次工作会议，下设协作小组办公室，负责日常工作。

（二）承诺机制层面

为推动区域环境治理政府间合作，长三角地区在直接沟通和协商的基础上签订了一系列的区域性府际环境合作协议（见表3-7），明确了相关主体的权利和义务，确定了阶段性的区域环境保护重点工作任务，构建了污染防治区域联动机制，为提升区域环境管理水平做了有益探索。

表3-7　　　　　长江三角洲环境治理政府间合作标志性事件

时间	参与主体	标志性事件
2004年6月	上海、江苏、浙江	举办"区域环境合作高层国际论坛"，宣读《长江三角洲区域环境合作倡议书》。
2004年11月	上海、江苏、浙江海洋主管部门	签订《沪苏浙"长三角"海洋生态环境保护与建设合作协议》，提出共同开展"长三角海洋生态环境建设行动计划"研究；建设沪苏浙两省一市海洋生态环境保护与建设信息共享机制；推进区域赤潮等灾害防治合作；共同加强对入海污染物的控制，加强部门协作。
2008年12月	上海、江苏、浙江环保厅（局）	签订《长江三角洲地区环境保护工作合作协议（2008—2010年）》，确定区域合作6个方面重点工作。
2009年4月	江苏、浙江、上海环保部门、原环境保护部华东督查中心	组织召开长三角地区环境保护合作第一次联席会议，确定2009年两省一市环保合作具体工作方案，长三角地区环境保护合作工作进入实质性启动阶段。
2009年7月	江苏、上海、浙江环保厅（局）	印发《长江三角洲地区企业环境行为信息公开工作实施办法（暂行）》和《长江三角洲地区企业环境行为信息评价标准（暂行）》，为推进区域企业环境监管一体化，提升区域环境管理水平做了有益探索。
2010年9月	浙江、安徽	签订浙皖跨界行动方案。
2013年4月	长三角城市经济协调会22个成员城市	召开长江三角洲城市经济协调会第13次市长联席会议，签署《长三角城市环境保护合作（合肥）宣言》，提出把长三角打造成"绿色长三角"，共同构建区域环境保护体系，推进区域环境质量改善，促进区域生态环境安全。
2013年5月	上海、江苏、浙江、安徽	签订《长三角地区跨界环境污染事件应急联动工作方案》，主要从建立各级跨界环境污染纠纷处置和应急联动机制、开展联合执法监督和联合采样监测、协同处置应急事件、妥善协调处理纠纷、信息互通共享、加强预警、开展后督察工作等七个方面加强合作。

续表

时间	参与主体	标志性事件
2014 年 1 月	上海、江苏、浙江、安徽	成立长三角区域大气污染防治协作小组,通过《长三角区域大气污染防治工作小组章程》,协作小组由上海市、江苏省、浙江省、安徽省,以及原环境保护部、国家发展改革委、工业和信息化部、财政部、住房城乡建设部、交通运输部、中国气象局、国家能源局等 8 部委组成(2016 年增补科技部为成员单位)。
2014 年 4 月	上海、江苏、浙江环保部门	签署《沪苏浙边界区域市级环境污染纠纷处置和应急联动工作方案》。确定了各方长期或不定期组成联合检查组,共同对污染防治情况开展现场检查和联合采样监测。各方每年确定交界地区 3 公里范围内重点环境风险企业名单,并定期通报检查结果,将重点打击涉水、涉气和涉及危险废物跨界转移的环境违法行为。
2014 年 5 月	上海、江苏、浙江、安徽	召开长三角区域大气污染防治协作立法论证会,形成地方立法协作的定期工作交流机制,推动长三角立法协作的常态化、机制化。
2016 年 12 月	上海、江苏、浙江、安徽	成立长三角区域水污染防治协作小组,通过《长三角区域水污染防治小组工作章程》。
2017 年 1 月	江苏省人民政府	印发江苏省"十三五"太湖流域水环境综合治理行动方案的通知。
2017 年 7 月	浙江省委、省政府	印发《浙江省生态文明体制改革总体方案》,提出建立污染防治区域联动机制。完善长三角区域大气污染联防联控协作机制,建立完善区域联合执法和监管信息通报机制。贯彻落实中央要求,进一步深化完善河长制。实行陆海统筹的污染防治机制,建立重点海域污染物排海总量控制制度。建立健全区域环境风险评估机制,推进跨界应急预警监测联动。
2018 年 1 月	上海、江苏、浙江、安徽	召开长三角区域大气污染防治协作小组第五次工作会议,审议通过《长三角区域空气质量改善深化治理方案(2017—2020 年)》《长三角区域水污染防治协作实施方案(2018—2020 年)》《长三角区域大气污染防治协作 2018 年工作重点》和《长三角区域水污染防治协作 2018 年工作重点》。
2018 年 6 月	上海、江苏、浙江、安徽	召开长三角区域大气污染防治协作小组第六次会议暨长三角区域水污染防治协作小组第三次会议。讨论了《中国国际进口博览会长三角区域协作环境空气质量保障方案》。

资料来源:作者根据相关政策文件整理。

(三)执行机制层面

长三角区域建立了区域联合执法和监管信息通报机制、联合采样检测机制,形成了定期工作交流机制,有效推动了长三角区域环境治理合作的常态化和机制化。2004 年，长三角 16 个城市建立国内首个跨省、跨地区气候生态环境监测评估网络，用以监测长三角区域的省市生态、湿地和湖泊生态以及农业生态；同年 11 月，沪苏浙海洋主管部门提出建设两省一市海洋生态环境保护与建设信息共享机制；2009 年、2013 年和 2014 年，分别签订跨界行动方案，针对跨界环境污染问题开展联合执法和应急处置（见表 3 – 7）。

第四章　我国环境治理跨区域财政合作问题分析

第一节　环境治理跨区域财政合作困境

当前我国环境治理跨区域财政合作仍处于探索阶段，虽然相应的机制构建已初具模型，但是在合作过程中仍然存在运动式治理失灵、碎片化问题严重、利益协调机制不完善、生态环境合作机制松散等问题。

一、运动式治理失灵

运动式治理是我国政府管理中普遍存在的一种治理机制和治理方式。运动式治理也称运动型治理、运动化治理、运动式执法等①，这一词语最初用来指代淮河治理过程中致力于专项治理、缺乏长效监管的问题②。强烈的绩效需求和匮乏的治理资源之间的紧张关系是运动式治理产生的内在动力③，而"压力型体制"则构成运动式治理的结构性背景。当某项管理目标时间紧迫，不能通过常规手段完成时，地方政府通常会选择运动式治理方式，以达到预期的治理效果。2016 年 9 月，河北省石家庄市连续出现多个重污染天气，在全国 74 个重点城市排位持续倒退，为扭转这种被动局面，石家庄市政府决定从 2016 年 11 月 17 日至 12 月 31 日开展为期 45 天的"利剑斩污"行动，主城区实行机动车单双号限行，限行期间城市公交车免费乘坐，全市所有行政性机关及事业单

① 杨林霞. 近十年来国内运动式治理研究述评 [J]. 理论导刊, 2014 (05)：77 - 80.
② 刘效仁. 淮河治污：运动式治理的败笔 [J]. 生态经济, 2004 (08)：25 - 25.
③ 柏必成. 我国运动式治理的发生机制：一个宏观层面的分析框架 [J]. 学习论坛, 2016, 32 (07)：49 - 53.

位实行"朝九晚五"错时上下班制度。2017 年 4 月 5 日,原环保部从全国抽调 5600 名环境执法人员,对京津冀大气污染传输通道"2 + 26"城市,开展为期一年不间断的大气污染防治强化督查。针对突发重大环境事故或灾害事件,运动式治理相对于制度式治理而言,能够通过高强度的全体性动员机制在短期内将一定区域乃至全国的资源集中于一个目标,克服政府内部的碎片化,形成合力,其治污效率高、力度大、见效快,但却并不适用于解决常规社会问题,也不能根治环境污染问题。第一,运动式治理无法形成长效治理格局。为保证治理目标的顺利实现,运动式治理往往忽视规则,在治理目标上采取"一刀切"的办法,短期内下达巨量工作任务,强大的政治压力导致负有治理任务的单位"只讲结果、不讲手段",忽视各种排放与污染结果之间的因果关系,忽视公民的基本权利,走向强迫命令的粗暴行政。这种"运动式"环境治理政策虽然能够在短期内见效,但却不可持续。第二,运动式治理有悖法治精神①。现代法治精神最基本的内涵是稳定性和确定性②。这主要依靠法律程序来保证实现。然而运动式治理为在短期内扭转或改变社会累积问题,往往采用从重从快的方式,强调效率而忽视了执法的公正性。运动式执法通常是政策优先,依据部门政策和领导批示,当法律与政策发生矛盾时,完全依政策办事,这在一定程度上纵容了非运动时期的违法行为,其反复适用是对法治的破坏。第三,运动式执法成本高。运动式治理对违法行为的控制往往伴随着高昂的社会成本。突发性事件往往具有紧迫性,为取得短期效果,运动式治理的许多执法方式往往缺乏全面、科学的研究,基于突发性事件的紧迫性临时抽调优势力量进行"集中治理",这种方式极易导致行政资源的极大浪费,提高执法成本。第四,运动式治理的"权宜性"降低了政府信用。运动式治理通常具有临时性和应急性特点,为追求快速实现目标,往往会牺牲公平正义而追求效率。建设政府信用和维护政府形象的前提是遵循行政依法原则。然而,运动式治理却极易导致行政主体平时执法不力或执法缺失,问题爆发时通过运动式执法方式打击违法行为。这在一定程度上弱化了执法的严肃性和一贯性,导致群众对执法机关的执法能力和信用产生怀疑,不仅影响了政府的信用形象,同时也降低了法律的威慑力。生态环境建设是一个长期的过程,对此,有必要形成制度化的机制将运动式治理控制在有限范围内。

---

① 罗许生. 从运动式执法到制度性执法 [J]. 重庆社会科学, 2005 (07): 89 – 92.

② 乔越. 运动式执法的行政管理价值与困境的研究 [J]. 经贸实践, 2016 (01): 306.

二、碎片化问题严重

地方政府的"自利化"倾向阻碍了政府间信息的自由流动，导致环境治理跨区域合作缺乏必要的沟通和协调，导致政策目标的失败，加剧了地区间合作的"碎片化"特征。Lieberthal 和 Lampton（1992）[1] 构建了碎片化的权威模型（详见图4-1），用以描述上下级或不同层级部门间在价值整合、资源和权利分配结构、政策制定与执行方面的差异。在环境治理跨区域合作实践中，不同地方政府政治理念、资源禀赋、管理机制等方面的差异，导致地方政府间在互动中出现行为异化现象。"政府逐利化"倾向更是导致地方政府间难以展开有效合作[2]，导致环境治理跨区域合作碎片化问题严重。具体体现在以下几个方面：

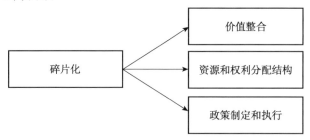

图4-1 碎片化权威模型

（一）地方政府价值和理念的碎片化

价值和理念的碎片化直接影响了地方政府环境治理的行为选择。在区域分权环境管理体制下，权力的分割导致地方政府间难以形成统一的价值取向和利益需求。作为理性经济人，地方政府出于 GDP 等经济指标及其官员政绩的考虑，在进行环境规制决策过程中将本能地表现出一种以邻为壑的福利倾向[3]，热衷于追求本辖区经济利益的最大化，从而导致地方政府间在环境治

---

① LIEBERTHAL K，LAMPTON D M. Bureaucracy，politics，and decision making in post – Mao China［M］. University of California Press，1992.

② 马学广，王爱民，闫小培. 从行政分权到跨域治理：我国地方政府治理方式变革研究［J］. 地理与地理信息科学，2008，24（01）：53－59.

③ 初钊鹏，刘昌新，朱婧. 基于集体行动逻辑的京津冀雾霾合作治理演化博弈分析［J］. 中国人口·资源与环境，2017，27（09）：56－65.

理目标和行为选择方面的差异。具体表现为各地方政府在环境治理资金投入方面的差别（见图4－2、图4－3、图4－4）。除此之外，经济发展不平衡也使得地方政府间对区域污染治理的关注不同。经济发达地区对生态环境的宜居性要求更高，其财政投入能力也逐年提高；而经济欠发达的地区虽然也关注环境问题，但其环境保护财政支出的能力有限，经济的发展往往优于环境保护，为发展经济仍会牺牲环境利益。

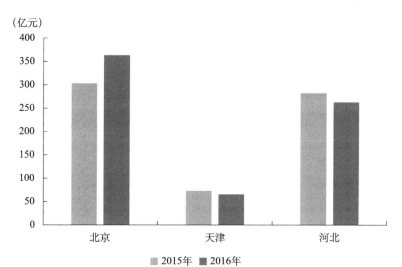

图4－2　京津冀地区环保投入情况

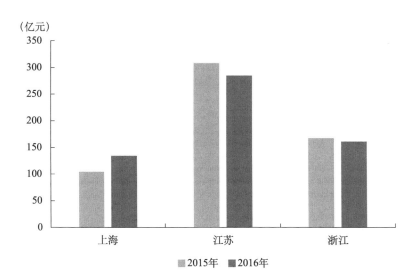

图4－3　长三角地区环保投入情况

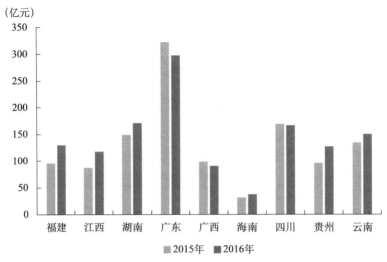

图4-4 泛珠三角地区环保投入情况

（二）地方政府资源和权力分配结构的碎片化

地区间经济发展水平的不同、资源占有量以及功能区划的不同最终导致各方在生态环境治理的选择也不同。此外，我国现行管理体制下，统一的政府职能被分散到不同部门，极易导致各部门之间职能交叉问题。首先是资源占有的差异化。2011年，《国民经济和社会发展"十二五"规划纲要》将国土空间划分为不同的主体功能区，实施分类管理的区域政策和各有侧重的绩效评价。国家宏观规划的差异使得不同区域间的发展策略规划各有侧重，经济发展和调控模式也不尽相同。此外，地区间经济发展水平和资源禀赋的差异也在一定程度上影响了地方政府在环境治理中的行为选择。以泛珠三角区域为例，内地九省区之间的经济发展差距不断扩大（详见图4-5），加之资源禀赋的差异，限制开发与生态补偿等区域性公共问题，经济欠发达地区环境治理财政支出能力相对较弱，无力建设先进的环保基础设施，导致污染更加严重；经济发达地区环境保护财政支出相对充足，但却无法阻止其他地区的污染进入本辖区。碎片化的资金来源无法为区域环境的整体性治理提供支撑。其次是管理方式的分散化。在我国，除环保部门外、发改委、林业、水利、交通、国土等部门都或多或少地承担了部分环保职能。"九龙治水"最终导致"群龙无首"，分散的管理职能直接导致各相关部门之间权责不对等，争权不断、推责有余。最后是现有区域协调机构整合功能的碎片化。在我国，处理跨部门或跨地区的政策问题时通常会成立相应的领导小组或协调小组，用以推动地区间的合作。这种小组通常是临时性和非正式的，其权威性并不强。地方政府是本辖区利益的代表，在协商合作的过程中各参与方基于自身利益最大化的考虑往往会导致各方达成的协调事宜在实际运行中出现选择性协调和落实不到位等问题。

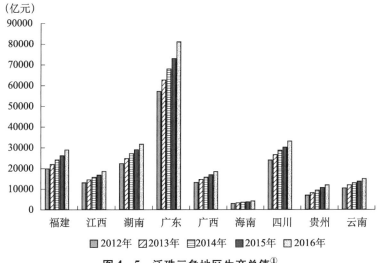

图4-5　泛珠三角地区生产总值①

（三）地方政府政策制定和执行的碎片化

在政策制定方面，各地方政府出于自身经济利益、政府形象、政绩评估等因素的考虑，通常会依据自身经济发展的需求解读中央政策，编制地区污染整治规划，从而导致各地方政府间的政策难以有效衔接。此外，跨区域环境治理综合性立法与环境治理制度安排的不完善也使得地方政府间的政策难以趋同。在政策执行方面，现行的环保法规多是原则性的，缺乏具体实施的细则，有关跨区域环境污染的防治工作主要由相关地方政府协商解决，从而导致地方政府在解决跨区域环境污染问题时无法可依。此外，我国环境治理政府间合作尚未形成制度化的运行机制，跨区域环境治理中的地方协作常常疏于形式。

---

　①　数据来源：《中国统计年鉴》。

三、利益协调与补偿机制不完善

（一）利益协调机制不完善

跨区域公共事务的治理过程，实际上是不同参与主体利益不断冲突、妥协和协调的过程。利益关系是政府间关系中最根本和实质的关系。能否协调好政府间的利益关系直接决定了协同治理机制建立及运行的成败。然而，在我国压力型体制下，地方政府多呈现出"经济人"特征，以本辖区利益最大化为目标，为追求地区经济的发展不惜以牺牲环境利益为代价。个别地区甚至为保护自身利益，将污染转移到其他地区，表现出明显的机会主义行为。在此背景下，利益协调机制成为化解地方政府间利益矛盾的主要手段。然而，当前我国地方政府间的利益协调机制并不完善，更多的是承诺或协商，权威性不足，对于跨区域环境治理不具有强制约束力，导致地方政府之间竞争激烈，地方保护主义盛行。为发展本地区经济，在市场准入制度、跨区域行政执法、跨区域经济主体待遇等方面的政策制定和执行上向本辖区倾斜，认为污染只要不发生在自己辖区范围内就不闻不问。这种封闭的发展思维，加之地方官员出于政治因素的考量，导致各地方政府间在环境治理跨区域合作中不作为、慢作为，严重影响了跨区域环境治理的效果，阻碍了区域间的长远发展。

（二）利益补偿机制不健全

利益补偿机制是调整利益相关者利益、维护生态系统服务功能的重要政策工具，在解决地方政府发展不平衡问题、将环境治理外部效应内部化方面有着不可比拟的优势。在我国，地方政府是利益补偿的主要承担者，政府在决策或资金支付上的作为或不作为将直接影响利益补偿机制的效果。虽然我国部分地区已经开始探索建立利益补偿机制，但其法律调控方式并不成熟。2006 年中央发布的"十一五"规划纲要中提出"按照谁开发谁保护、谁受益谁补偿的原则，建立生态补偿机制"。《中华人民共和国水污染防治法》（2008 年）中也明确规定"国家通过财政转移支付等方式，建立健全对位于饮用水水源保护区区域和江河、湖泊、水岸上游地区的水环境生态保护补偿机制"。《环境保护法》第三章第三十一条也提出要"建立、健全生态保护补偿制度"。这些政策文件为生态补偿机制的建立提供了依据，但对于补偿标准、补偿方式、补偿资金来源等方面却没有做出明确的规定。当前，我国生态补偿调控方式多以财政转移支付为手段，强调以政府、行政区域为单元，这种政府主导的生态效益补偿的利益调整具有选择性、随机性，缺乏稳定性和长效的法治保障①。

四、生态环境合作机制松散

结合我国环境治理跨区域合作现状不难看出，京津冀、长三角与泛珠三角地区针对经济、能源、环保、交通等专题开展了全方位的合作。然而，当前跨区域污染治理的合作行动仍然停留在会议制度和极端天气的应急处理上，合作形式也多为松散型的行政磋商，缺乏强有力的组织保障和财力支撑，日常的联动机制尚未发挥真正的作用，合作的广度和深度有限。这就容易导致相关环境规划、重大政策难以有效落实，区域污染治理也难以形成长效化的联动机制。具体表现在：

（一）制度规则尚待完善

各地区在合作治理中还存在不同地区技术标准、业务规范不一致的现象。以京津冀地区燃煤锅炉氮氧化物排放标准为例，北京市《锅炉大气污染物排放标准》规定自 2017 年 4 月 1 日起，新建锅炉执行 30 毫克/立方米的排放限值，对位于高污染燃料禁燃区内的在用锅炉，执行 80 毫克/立方米排放限值；天津市执行《锅炉大气污染物排放标准》（GB13271 - 2014）中特别排放限值要求②，氮氧化物排放限值为 200 毫克/立方米；河北省《燃煤锅炉氮氧化物排放标准》规定在用燃煤锅炉氮氧化物执行 380 毫克/立方米排放标准，新建燃煤锅炉则执行 200 毫克/立方米标准。同一行业在不同地区现值水平差异明显。地区间排放标准的差异极易导致部分企业为降低环保成本向标准"洼

---

① 杜群. 长江流域水生态保护利益补偿的法律调控［J］. 中国环境管理，2017，9（03）：30 - 36.

② 《市环保局关于进一步明确钢铁、燃煤锅炉排放的大气污染物执行特别排放限值要求的函》（津环保气函〔2017〕44 号）。

地"转移，这无疑会影响合作治理的效果。

（二）信息共享机制不成熟

完善的信息共享机制是环境污染治理的重要技术支撑，能够促进合作要素的有序流动，降低各方利益博弈的成本，推动地方政府间合作处理区域公共事务。然而，我国传统的环境治理模式是以行政区域为基本单位，作为"理性人"的个别地方政府出于成本—收益的考虑，为追求自身利益，可能会垄断封锁信息或者选择性共享，从而导致信息资源分布不均衡，降低了政府间的信任度，严重阻碍了污染治理政府间合作的顺利实现。

（三）刚性机制缺失

我国现行的法律法规并没有明确规定地方政府间关系，也没有对地方政府间签订的合作协议做出法律解释，这就使得地方政府间的合作缺乏法律基础。与此同时，相应的奖惩机制也不完善，致使地方政府违约成本低，承诺的随机性大，权威性和强制力不足。

针对上述问题，有必要建立系统性的联动机制，地方政府不再是被动的中央目标或政策的代理者和执行者，而是具有自我的目标和利益诉求，以战略性的眼光思考地方发展，同多元行动者和机构进行互动[1]。

第二节　环境治理跨区域财政合作影响因素

地方政府在区域环境治理中的策略行动是在既定规范下理性选择的结果。环境治理跨区域财政合作困境的形成，既受地方政府追求自身利益最大化的内在行为动机的支配，也受现行行政管理体制等行政生态因素的影响，还涉及具体运行方面的因素。本节基于地方政府合作理念、分割型的管理体制、地方政府财政合作保障机制三个层面深入剖析了环境治理跨区域财政合作的影响因素。

---

① 边晓慧，张成福. 府际关系与国家治理：功能、模型与改革思路［J］. 中国行政管理，2016（05）：14–18.

一、压力型体制对地方政府合作理念的影响

所谓压力型体制，是指依托行政上的隶属关系，由上级政府给下级政府下达经济社会发展的硬性任务，并根据指标任务的完成情况给予不同奖励待遇①。这一体制包含三个要件，即数量化的任务分解机制、各部门共同参与的问题解决机制和物质化的多层次评价体系。其中，评价体系方面，对于完成指标任务的组织和个人给予奖励，对于某些重要任务实行"一票否决"制，一旦任务没完成或者不达标，则视其全年工作成绩为零，不能获得任何先进称号和奖励②。在压力型体制下，地方政府面对多样化的任务目标，往往会基于自身"理性"选择易于量化、易于完成和彰显绩效的工作，片面追求地区经济利益最大化。压力型体制对地方政府合作理念的影响主要体现在：

（一）地方政府利益最大化追求

各个地方政府是由多个具有利益诉求的个人组成的组织实体。作为理性的市场经济人，地方政府官员基于自身权利、声誉、升降等方面因素考虑而做出的自利化行为选择使得地方政府也必然具备经济组织的条件和特征。作为公权力的掌控者，地方政府理应维护地方公共利益，致力于追求地区经济、社会、文化等的全方面发展。然而现实中，地方政府在追求公共利益最大化的同时也追求个人利益最大化，政府官员及其各组成部门的自利化倾向极易导致公共利益与其自身利益出现偏差。由此，地方政府的利益最大化追求是地方政府行为的逻辑起点。基于地方政府自身利益最大化而做出的行为选择既是地方政府合作的诱因也是地方政府合作困境产生的根源。一般而言，区域利益与地方政府自身利益是对立统一的，两者既相互联系，又有所区别。当区域利益与地方政府利益一致时，地方政府会选择合作，否则则会以自身利益为重，背离合作。作为理性经济人，地方政府基于成本和收益的考量在区域合作收益不具有排他性时极易产生"搭便车"的心里，不愿意或者只愿意少量支付合作成本，进而导致采取合作行动的其他主体最终也放弃合作。

---

① 荣敬本，等. 从压力型体制向民主合作体制的转变 [M]. 北京：中央编译出版社，1998.

② 杨雪冬. 市场发育、社会生长和公共权力构建：以县为微观分析单位 [M]. 郑州：河南人民出版社，2002.

此外，合作预期收益与风险的不确定性、合作利益量化与分配的模糊性都影响了地方政府参与合作的积极性。

（二）地方政府政治晋升的激励机制

在跨域治理中，地方政府是中央政府统筹规划与指导的行动者和实施者，地方政府官员在推动地区间合作上发挥了至关重要的作用。尤其是在区域环境治理的政策制定与执行过程方面，地方官员基于个体理性做出的行为选择将直接影响合作的实现以及合作的效果。图 4－6 反映了压力型体制下经济激励和政治晋升对环境治理合作的影响。在压力型体制的激励下，地方政府既是"政治参与人"，也是"经济参与人"，然而自上而下的政绩需求压力，弱化了地方政府满足自下而上的公众需求的动力，强化了政府的经济动机。各级地方政府只向中央和上级负责，横向地方政府间成为相互独立的利益主体。"以 GDP 论英雄"的政府官员晋升考核方式加剧了地区间的竞争。学者周黎安将其界定为"晋升锦标赛"，作为一种行政治理的模式，晋升锦标赛是指"上级政府对多个下级政府部门的行政长官设计的一种晋升竞赛，竞赛优胜者将获得晋升，而竞赛标准由上级政府决定，它可以是 GDP 增长率，也可以是其他可度量的指标"①。作为一种强激励形式，晋升锦标赛使得政府官员以GDP 指标代替居民的偏好，更加关注自己任期内所在地区的短期经济增长，关注那些易于被考核的经济指标，而忽视经济增长的长期影响，忽略环保职责。我国地区之间在经济发展、资源禀赋等方面的差异使得地区之间可以利用各自的比较优势进行分工合作。然而，以增长为纲的晋升锦标赛在一定程度上加剧了地区间的竞争，导致地方官员在跨域治理中或多或少地会考虑对自身政绩的影响，围绕自身政绩进行理性选择，进而导致地方政府官员在区域环境治理中个人诉求与集体行动的分化。除此之外，我国现有政绩考评机制中，区域公共治理考核的缺失也在一定程度上降低了地方政府参与区域环境治理的积极性。

（三）环保领域的硬性指标

随着科学发展观、和谐社会、服务型政府等理念的提出，中央政府在对

---

① 周黎安．中国地方官员的晋升锦标赛模式研究［J］．经济研究，2007（07）：36－50.

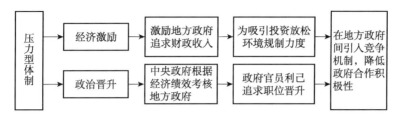

图4-6 压力型体制下经济激励和政治晋升对环境治理合作的影响

地方政府的考核中加入了社会发展、环境保护等相关指标，使得地方政府在发展经济的同时承担起更多的公共服务职能，更多地关注经济增长带来的问题以及不能解决的问题①。2007 年 5 月，国务院发布的《关于印发节能减排综合性工作方案的通知》（国发〔2007〕15 号）中，明确指出"地方各级人民政府对本行政区域节能减排负总责，政府主要领导是第一责任人。要把节能减排指标完成情况纳入各地经济社会发展综合评价体系，作为政府领导干部综合考核评价和企业负责人业绩考核的重要内容，实行'一票否决'制。"环境保护的"一票否决"制对于促使地方政府官员转变唯 GDP 的政绩观念，顺应国家现行的环保政策有着不容忽视的作用。然而，"激励的有偏性"及信息不对称弱化了环保的"一票否决"效用②。政治锦标赛促使地方政府更多地关注可测度的任务，而忽视不易测度但却同等重要的任务，关注经济增长而忽视环境保护与社会公正。相对于经济增长而言，环境保护具有不易测度的特性，中央政府掌握的环境信息资源有赖于地方政府的环境信息公开程度。基于自身利益的考量，地方政府往往会有选择性地披露环保信息，使得"一票否决"不能起到真正的约束作用。此外，地方官员的年龄限制也降低了其环境治理的积极性，导致地方政府官员出现短视行为，产生"上有政策、下有对策"的行为偏差。

二、分割型管理体制对地方政府协作的限制

（一）行政区划的刚性约束

我国目前的行政区权力配置主要是基于传统的行政区划制度，存在刚性

---

① 杨雪冬.压力型体制：一个概念的简明史〔J〕.社会科学，2012（11）：4-12.

② 张磊.中国式分权下的地方政府环保职能研究〔D〕.长春：吉林大学，2014.

的约束。在刚性的行政区划基础上形成了闭合的行政区行政。所谓行政区行政，是指经济区域各地方政府基于行政区划的刚性界限，以行政命令的方式，对本地区社会公共事务进行的垄断管理，具有相当程度的封闭性和机械性①。行政区行政的最大特点是行政辖区内部权力运行的封闭性和单向性。地方政府从地方本位主义出发追求局部利益，只关心本辖区内的事务，对区域公共事务和公共问题采取"不作为"的态度，多服从上级政府的安排，横向地方政府间的互动极少。对于区域性环境污染问题，各地方政府都寄希望于"搭便车"，不想付出治理成本，却坐享治理绩效。这就导致环境治理跨区域合作各地方政府间存在严重的信息不对称，资源难以得到有效地整合和利用，跨区域环境污染问题持续滋生。

（二）环境管理体制的局限

我国现行的环境管理体制实行的是统一监管与部门监管相结合、中央与地方分级监管相结合、"分级管理、逐级协商"的方式。涉及当事地方政府、省级相关行政主管部门、中央与省级政府和区域环境治理管理机构三个基本的处理层面，其中，省级政府是污染治理的关键层面。以跨行政区水污染为例，其管理运行系统如图4-7所示。我国现行的管理体制要求本级政府对本地环境负责，这就使得跨区域污染治理呈现体制性分割状态。具体表现在区域环境治理管理机构对污染排放总量的宏观控制与各行政区对污染排放的微观控制相互脱节，各省市之间污染控制标准和污染处理执法方面的相互脱节以及当事地方政府间在信息沟通、预防、执法等具体环节上的脱节。地区污染治理的着力点多在于微观排污者，而忽略了宏观层面流域内上、下游各地方政府之间及其与中央政府之间理性目标的差异②。在环境治理中，中央政府着眼于全国环境质量的提升，而地方政府则更多地关注本辖区的环境利益，两者的利益目标并不总是完全一致。此外，现有环境治理中，层级隶属关系下的纵向运行机制发挥着实质性作用，横向地方政府间并未建立真正意义上的横向联系，地方政府基于自身利益最大化而产生的"搭便车"心理导致地

---

① 金太军. 从行政区行政到区域公共管理——政府治理形态嬗变的博弈分析 [J]. 中国社会科学, 2007（06）: 53-65.

② 宗毅君, 孙泽生. 跨界水污染治理机制中的激励相容问题研究 [J]. 经济论坛, 2008（10）: 43-45.

方政府间的横向合作机制难以达成。

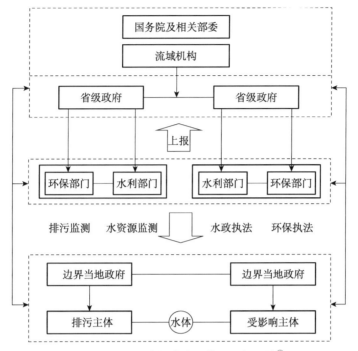

图 4 - 7 跨界水污染治理管理运行系统[1]

(三)现有协调机构权威性不足

2006 年,原环保部先后在全国范围内设立六大区域环保督察中心,旨在加强环保部对地方环境管理部门履行环境法律、法规、政策和标准效能的监督,通过国家的监督管理带动地方环保督查机构的建设。2017 年 11 月,区域环保督察中心更名为督察局[2],由事业单位转为环保部派出行政机构,新增中央环保督察相关工作。区域环保督察局在区域环境执法中起到了明显的作用,然而,在实际运行中也遇到了一些问题。督察局没有实质性查处权,

---

① 周海炜,钟尉,唐震. 我国跨界水污染治理的体制矛盾及其协商解决 [J]. 华中师范大学学报 (自科版),2006,40 (02):234 – 239.

② 具体是:华北督察局 (驻地北京,管辖范围包括北京、天津、河北、山西、内蒙古、河南);华东督察局 (驻地南京,管辖范围包括上海、江苏、浙江、安徽、福建、江西、山东);华南督察局 (驻地广州,管辖范围包括湖北、湖南、广东、广西、海南);西北督察局 (驻地西安,管辖范围包括陕西、甘肃、青海、宁夏、新疆);西南督察局 (驻地成都,管辖范围包括重庆、四川、贵州、云南、西藏);东北督察局 (驻地沈阳,管辖范围包括辽宁、吉林、黑龙江)。

其职能设定只是监督，而非代为监管或代替负责，对于监督发现的问题不能独自做出实质性的奖惩决定（这些权力由环保部下属司局掌握），对于跨行政区环境治理碎片化问题，督察局并不能起到整合作用。除了区域环保督察局，不同地区地方政府间也成立了区域意义上的协调机构，如生态环境污染治理协作小组，但是从其运行模式和产出效果来看，机构的权威性并不强。还存在行政级别低、不具执法权、职能单一、职责不明等问题。一方面，协调机构只起到平台作用，实际权力有限，导致政府间所达成的合作协议在涉及各方实质利益的时候难以得到有效的执行；另一方面，协调机构缺乏制度化组织规则约束和相应法律地位，现行合作组织缺乏行政权威，缺乏制度化的法律保障，缺乏监督和评估机制，对于跨区域污染治理难以实现有效的协调和仲裁。

三、地方政府财政合作保障机制的不足

（一）分权财政体制下的财政约束

第一，"分灶吃饭"的财税体制割裂了区域合作的利益纽带。在我国"分灶吃饭"的财税体制下，地方政府的财税各自处理，有效激励了地区经济社会发展，促进了地区财富和税收的增长，然而也在一定程度上消解了区域合作，使得地方政府间缺乏联系与合作的物质基础，区域环境治理缺乏稳定的财政资金投入机制，从而制约了环境治理政府间合作的良性发展。第二，地方财政能力不均衡制约了生态治理的跨区域合作。自1994年分税制改革以来，中央"财政上收、事权下放"占据大部分税源。随着地方政府公共事务管理任务的不断加大，可用于公共事务管理的财政资金却没有相应增加，地方财政缺口大。地方政府财政能力有限，导致在环境治理中投入严重不足，更倾向于"搭便车"，阻碍了地方政府协作的发展。第三，经济增长与财政供给的不均衡也导致环境治理供给总量不足。以2012—2017年环境污染治理投资总额①占GDP的比重为指标，2012年环境污染治理投资总额占当年GDP

---

① 环境污染治理投资包括老工业污染源治理、建设项目"三同时"、城市环境基础设施建设三部分。

的比重为 1.53%，2013 年为 1.52%，至 2017 年该比重仅为 0.97%[①]，我国环保投资总额呈现下降趋势。

（二）信息共享机制不完善

公共政策制定的过程涉及政策问题的确认、政策目标的选择、备选方案的设计与筛选、公共政策的合法化、政策评估与政策终结，整个过程都需要大量的信息作支撑。环境治理跨区域合作亦是如此，为实现合作，地方政府必须利用各种资源搜寻潜在合作伙伴的信息。然而，作为"理性经济人"的地方政府基于政治晋升、地方利益、规避责任等因素，可能形成利益博弈，人为限制信息的自由流动以维护自身既得利益，最终导致政策制定协调时的信息不对称，导致管理成本提高和管理效率低下。

（三）法规标准缺位和不协调

一方面，相关法律法规的不健全致使环境治理政府间合作机制缺乏刚性。近年来，我国在环境治理上的立法力度逐步加强，相继出台了《中华人民共和国大气污染防治法》（2000 年修订）和《中华人民共和国环境保护法》（2014 年修订）等一系列有关环境治理的法案，但是有关区域环境治理政府间合作方面的法律还处于空白阶段，使得区域协调机构无法建立其具有法律约束力的制度化运行程序，地方政府间在合作治理中责任观念弱化，环境治理政府间合作机制缺乏刚性。另一方面，地区间法律法规的匹配性和针对性也存在不足。虽然在环境治理跨区域合作中，地区间制定了有关生态环境保护的地方性法规、规章以及相关规范性文件，但在某些项目的决定标准规定上不统一，造成了政策的碎片化现象。

（四）监督与惩罚机制缺失

跨区域环境治理需要地方政府间建立有效的合作机制和制度，然而我国地方政府间并没有行政上的隶属关系，不存在命令与被命令的强制关系。这就导致地方政府间的合作缺乏横向沟通机制，合作机制的落实也缺乏可信承诺。为解决跨区域污染问题，我国部分区域内建立了层次分明的协调合作机

[①]　根据《环境统计年报》《环境质量状况公报》《中国统计年鉴》相关数据计算而得。

制，签订了一系列的合作协议，然而当前的合作机制普遍具有非正式性和组织化程度低的特点，并没有形成制度化的监督与惩罚机制，使得合作的效果大打折扣。以大气污染综合治理为例，为做好 2017—2018 年秋冬季大气污染防治工作，原环境保护部、发展改革委、工业和信息化部、公安部等多个部委联合北京、天津、河北、山西、河南 6 地人民政府发布了关于印发《京津冀及周边地区 2017—2018 年秋冬季大气污染综合治理攻坚行动方案》的通知（环大气〔2017〕110 号），明确指出设立京津冀及周边地区大气环境管理相关机构，持续开展大气污染防治强化督查，中央层面根据《环境保护督查方案（试行）》有关规定开展中央环境保护专项督查，重点督查大气污染综合防治不作为、慢作为，甚至失职失责等问题。然而，中央层面的环保督察并不能有效解决跨行政区环境治理碎片化问题。地区间环境治理监督与惩罚机制的缺失使得合作机制强制约束性不足，对个别地方政府不作为行为缺乏震慑作用，难以确保环境治理跨区域合作的效果。

第五章　地方政府间环境治理财政合作模拟运算

第一节　环境治理财政支出责任划分

一、政府环境责任

环境治理是政府责任担当的重要方面。所谓政府环境责任是指以公众环境利益为指向，法律规定的政府在环境保护方面的义务和权力，以及因违反上述义务和权力的法律规定而应承担的否定性后果[①]。政府环境责任是对公民环境利益需求的回应。一方面，公共环境利益不是单个人或部分人的主张，而是基于人或者人的共同体呼吸新鲜空气、饮用清洁水等基本生存的需要，公共环境利益是政府环境责任产生的源泉，也是政府环境责任实现状态的评价标准；另一方面，公共环境利益发生并形成于人与人之间、人与企业之间、企业与政府之间、各级政府之间相互联系而又相互竞争的利益纠葛之中，政府环境责任的明细化是促进各利益主体沟通、协商与对话的关键环节。《中华人民共和国环境保护法》中明确指出"地方各级人民政府应当对本行政区域的环境质量负责，应加大保护和改善环境、防治污染和其他公害的财政投入，提高财政资金的使用效益，国务院环境保护主管部门对全国环境保护工作实施统一监督管理"[②]。环境责任相关法律法规为地方政府的环境治理行为提供了规范指引，我国的环境保护工作也取得了一定的成效。然而，随着经济的发展，空气污染、流域水污染等

---

① 阳东辰. 公共性控制：政府环境责任的省察与实现路径 [J]. 现代法学, 2011, 33 (02)：72-81.

② 《中华人民共和国环境保护法》第一章总则第六条、第八条和第十条。

环境问题也日益凸显，环境事务及其治理的复杂性对政府处理环境事务的能力和效率带来挑战。当前，我国地方政府环境责任还存在重视政府经济责任、轻视政府环境责任，重政府环境权力、轻政府环境义务，重地方政府的环境责任，轻中央政府的环境责任，重环境管制、轻环境服务等问题，环境责任配置的失衡导致地方政府环境责任难以落实，环境治理能力也随之下降。与此相对应，政府对环境保护的投入也相对不足，环境资金缺口较大。根据国际经验，当环保投资占国内生产总值的比重达到1%—1.5%时，环境恶化的趋势才能得到基本控制；只有当这一比例达到2%—3%时，环境质量才能有所改善。有关数据显示，2015年，中国国内生产总值为689052.1亿元，环境治理投资8806.3亿元，环保投资占国内生产总值的比例为1.27%；2016年，中国国内生产总值为744127.2亿元，环保投资8007亿元[1]，环保投资占国内生产总值的比例为1.07%，刚达到基本控制污染的范围，并且这一比例与2015年相比还有所下降。2018年国内生产总值为919281.1亿元，环境治理投资为6297.61亿元，环保投资占国内生产总值的比例为0.6%；2019年国内生产总值为990865.1亿元，环境治理投资为7390.2亿元，环保投资占国内生产总值的比例为0.7%，相对前几年而言下降幅度较大。资金保障是确保环境政策法规执行深度、广度和力度的重要因素。基于上述分析，有必要进一步明晰各环境治理主体的权责范围，明确其财政支出责任，建立合理、高效的环境治理责任体系。

二、政府环境责任划分依据

（一）根据公众环境需求设定政府环境责任

一是健全政府环境管理责任。随着经济的发展，环境形势也发生诸多变化，单纯依靠命令强制等方式已难以应对复杂的环境问题，政府必须健全环境管理责任，综合采取经济、技术、文化等战略和政策措施改变生产和消费方式，确保环境治理的长期效果。二是加强政府环境服务责任。环境产品和环境服务的公共品特性使得政府必须承担提供环境公共产品的责任。为应对公众迅速增长的环境公共需求，政府应当加快环境公共产品和公共服务的供

---

[1] 根据中国环境质量状况公报相关数据计算而得。

给，进一步强化政府环境服务职责。三是兼顾其他环境责任。主要是满足公众对于维护环境公平和正义、确保环境参与、防范环境风险等方面的需求，进一步拓展并完善政府环境责任。

（二）在政府能力范围内设定政府环境责任

在一定时期，政府的能力是恒定的，因此，政府环境责任的设定应当与政府的能力范围相匹配。一方面，应当转变"经济建设型"政府模式，增加政府在社会管理和公共服务等方面的投入，尤其是增加环境保护投入，扭转政府能力运用方向，确保政府环境责任的实现，促使有限的政府能力向满足公众环境需求倾斜；另一方面，优化政府能力结构，增加文化、信息、管理水平等"软实力"要素，更加注重政府服务能力和危机处理能力，确保政府环境责任的落实；另外，还可以借助社会力量，通过环境公共产品公司合作方式满足社会公众日益剧增的环境公共产品需求。

（三）正确处理和协调相关关系

一是政府经济责任与环境责任的关系。坚持经济发展与环境保护相协调，兼顾政府经济责任与环境责任，实现经济发展与环境保护同步。将环境保护作为转变经济增长方式的重要手段，综合考虑经济、社会和环境三种效益，充分发挥政府的环境责任功能。二是中央政府与地方政府环境责任关系。改变当前"重地方环境责任、轻中央环境责任"做法，充分发挥中央监督管理职责，协调地区间利益关系，提高环境法律的有效性。三是政府、市场和社会三种调整机制的关系。政府通过行政手段确保环境责任的实施，与此同时，充分发挥市场、社会公众参与等非行政主体在环境保护领域的能力，推动政府环境责任的全面落实。

三、中央政府的环境支出责任

生态环境的流动性、外部性和整体性属性决定了环境治理需要打破条块分割、各自为政的治理模式，采用合作、动态、全局的理念和方式。然而，地方政府作为本辖区利益的代表者，其参与环境治理的动机往往是环境收益内化与治理成本外部化①，这种思维极易导致地方采用短期见效的策略应对上级政府的绩效考核，进而影响环境治理的可持续性。此外，从分省环境保护财政支出来看（见图 5 - 1），地区间环保投资力度差异较大，这不仅会影响地区环保职能的履行，影响区域间基本公共服务均等化进程，更制约着我国整体环境治理水平的提升。对此，中央政府应当从宏观全局的层面主导全国范围的环境治理与生态保护。一方面充分发挥监督职能，督促地方政府承担其环境责任；另一方面，中央政府应承担地方政府难以承担的责任，在地方政府能力不足、难以履行其职能时给予必要的帮助。例如，跨地区、跨流域的污染综合治理、国家级自然保护区管理、大气污染治理等具有跨行政区外部性以及代际外部性的环境问题；再如，未知环境风险的防范、突发性生态环境事件的处理与应对、具有较强外溢性的生态环境基础设施建设等投资项目。中央财政的介入能够有效促进地区间生态环境治理财政能力的均等化，实现地区间公共服务水平的均衡。

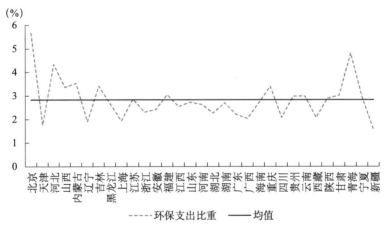

图 5 - 1　2016 年各地环保支出占一般预算支出的比重

四、地方政府的环境支出责任

地方政府作为中央政府各项政策的执行者，是环境治理的实践主体。在

---

① 戚学祥. 我国环境治理的现实困境与突破路径——基于中央与地方关系的视角［J］. 党政研究，2017（06）：115 - 121.

保证中央政府落实其环境责任的同时，地方政府也应承担本辖区的环境责任。包括提供充分的环境公共产品和公共服务，增加基本公共服务能力建设和环境基础设施建设等项目的支出，维护本辖区的环境公平。更为重要的是，跨区域环境问题的解决，应当建立有分别的区域责任共担机制，确立各地区明确但有分别的责任，体现地区差异与区域关系。具体而言，可以根据地方所处流域、区位以及环境特征进行分类，同时依托全国生态功能区划，将各地区划分为不同的生态保护单元，明确政府间的具体环境事权。基于"谁污染谁治理、谁受益谁补偿"原则平衡地区间差异，推动区域合作。

第二节　环境治理财政支出影响因素分析

当前我国环境治理财政支出还存在支出规模偏小、比重偏低、支出结构不合理等问题，地方政府间有关跨区域污染治理的合作也多处于初级阶段，偏重行政合作，并没有形成完整的财政合作机制。环境治理跨区域财政合作即为不同地区地方政府间为了共同的环境治理目标而联合开展的财政行动。各地方政府环境治理财政支出的增加不仅能够提升本辖区的环境质量，也为区域环境治理目标的实现奠定了坚实的物质基础。基于此，本节选取 2007—2016 年[①]省级面板数据，着重分析财政分权、地方政府竞争、地区经济发展水平等因素对地区环境治理财政支出的影响。

一、模型设定

本节选取我国 2007—2016 年的省级面板数据，通过建立回归模型考察环境治理财政支出影响因素，模型如下：

$$Expenditure_{it} = \alpha_1 + \alpha_2 FD_{it} + \alpha_3 FDI_{it} + \alpha_4 Control_{it} + v_i + \theta_t + \varepsilon_{it}$$

其中：i 表示地区，t 表示年度；$Expenditure$ 为被解释变量，表示地方环境保护财政支出；FD 表示财政分权程度，FDI 为外商直接投资，代表地方政府竞争；$Control$ 为控制变量的集合，α_1 为截距项，v_i 显示个体效应，θ_t 显示时

---

① 基于数据的可得性，此处只要以 2007—2016 年的数据为例进行分析。

间效应，ε_{it} 为误差项。

二、指标设定与样本选择

1. 环境保护财政支出

在 2007 年政府收支科目改革中，财政部明确了环境保护的专项财政支出科目，新增"211 环境保护"这一类级支出。基于此，本节选取 2007—2016年中国环境保护支出数据，以此作为被解释变量。

2. 财政分权

财政分权体现了不同层级政府间在财政权利上的分配关系。在财政分权测度指标的选取方面，学者们并没有形成共识。沈坤荣和付文林（2005）[①]用各省财政收入、财政支出占政府财政总收支的比率表示财政分权程度；龚峰和雷欣（2010）[②] 在构建财政分权衡量指标体系时考虑了中央转移支付、财政管理等方面的信息，选取财政收入自制率、财政收入占比、财政支出自决率、财政支出占比、税收管理分权度、行政管理分权度 6 个指标；陈硕和高琳（2012）[③] 将财政分权指标分为收入指标、支出指标和财政自主度指标 3大类，认为各个指标在不同时段有其适用性，不能混用；就指标的适用性而言，李根生和韩民春（2015）[④] 认为，收入和支出指标适用于描述跨期变化，财政自主度指标则更适用于刻画地区差异。本节借鉴薛钢和潘孝珍（2012）[⑤]构建的支出分权度指标来表示财政分权度，在计算过程中将各省预算内财政支出与全国预算内财政支出均换算为人均水平，以此剔除人口规模对指标的影响，具体公式如下：

支出财政分权度 = 各省人均预算内财政支出/全国人均预算内财政支出

---

① 沈坤荣，付文林. 中国的财政分权制度与地区经济增长 [J]. 管理世界，2005（01）：31 -39，171.

② 龚峰，雷欣. 中国式财政分权的数量测度 [J]. 统计研究，2010（10）：47 -55.

③ 陈硕，高琳. 央地关系：财政分权度量及作用机制再评估 [J]. 管理世界，2012（06）：43 -59.

④ 李根生，韩民春. 财政分权、空间外溢与中国城市雾霾污染：机理与证据 [J]. 当代财经，2015（06）：26 -34.

⑤ 薛钢，潘孝珍. 财政分权对中国环境污染影响程度的实证分析 [J]. 中国人口·资源与环境，2012（01）：77 -83.

3. 地方政府竞争

在中国式的财政分权体制下，地方政府官员出于自身利益最大化和政治晋升的双重压力，针对外资展开了激烈的竞争，因此，招商引资情况能够在一定程度上反映地方政府的竞争程度。在指标的选取上，傅勇和张晏（2006）[1] 指出，运用财政竞争手段吸引外商直接投资是地方政府的主要竞争行为，作者通过构造各省外资企业的实际税率来衡量地方政府竞争程度；张军等（2007）[2] 用各省实际吸收的 FDI 作为地方政府竞争力的代理变量；郑磊（2008）[3]、崔志坤和李菁菁（2015）[4] 以各省吸引外商直接投资占全国外商直接投资的比重作为衡量政府竞争度的代理变量。本节借鉴刘建民等（2015）[5] 构建的指标，以外商直接投资额占地区生产总值的比重来表示地方政府的竞争程度。

4. 控制变量

地区经济发展水平（PGDP）：采用人均 GDP 表示，用以控制其对环保投入的影响。

人口密度（Density）：人口密度与污染物排放的规模密切相关，在一定程度上也决定了环境基础设施的供给数量，从而影响地区环保支出数额，本文以各省每平方公里的人数来衡量。

工业化程度（Second）：第二产业是污染物排放的主要产业，本文以地区第二产业生产总值占地区生产总值的比重来衡量。

人口受教育程度（Education）：本节以普通高等学校在校生人数占地区总人口的比重表示。

5. 数据统计描述

基于数据的可操作性与完整性，本节使用 2007—2016 年 31 个省市的面

① 傅勇，张晏. 中国式分权与财政支出结构偏向：为增长而竞争的代价 ［C］. 中国青年经济学者论坛. 2006.

② 张军，高远，傅勇，等. 中国为什么拥有了良好的基础设施？［J］. 经济研究，2007（03）：4-19.

③ 郑磊. 财政分权、政府竞争与公共支出结构——政府教育支出比重的影响因素分析 ［J］. 经济科学，2008，30（01）：28-40.

④ 崔志坤，李菁菁. 财政分权、政府竞争与产业结构升级 ［J］. 财政研究，2015（12）：37-43.

⑤ 刘建民，陈霞，吴金光. 财政分权、地方政府竞争与环境污染——基于 272 个城市数据的异质性与动态效应分析 ［J］. 财政研究，2015（09）：36-43.

板数据进行分析，文中数据均来自《中国统计年鉴》。表5-1显示了各相关变量的描述性统计结果，从中不难看出，环境保护财政支出、FDI、人均地区生产总值、人口密度四个指标的标准差相对于均值来讲都较大，这说明地区之间差异明显。

表5-1　　　　　　　　　　变量描述性统计

变量	观测值	平均值	标准差	最小值	中位数	最大值
环境保护财政支出	310	89.45	62.42	4.77	77.38	363.38
财政分权	310	1.05	0.57	0.51340	0.8557	3.5331
FDI	310	0.3589	0.5225	0.0135	0.1849	5.5426
人均地区生产总值（元）	310	39863.29	22257.25	7940.832	34936.33	118127.6
人口密度（人/km²）	310	434.07	657.06	2.3496	266.5883	3826.499
第二产业生产总值比重	310	0.46	0.08	0.1926	0.4844	0.5905
人口受教育程度	310	0.0176	0.0057	0.0067	0.0171	0.0345

图5-2进一步反映了东部、中部和西部地区环境保护财政支出的情况。从图中不难看出，三个地区的环境保护支出都呈上升趋势。其中，东部地区的平均环境保护支出最高，西部最低，这与东、中、西部地区不同的经济发展水平相对应。因此，本节在回归分析中也分为东、中、西部加以分析。

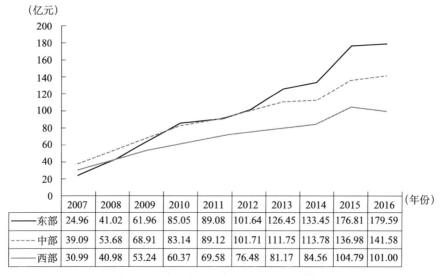

（亿元）

	2007	2008	2009	2010	2011	2012	2013	2014	2015	2016
东部	24.96	41.02	61.96	85.05	89.08	101.64	126.45	133.45	176.81	179.59
中部	39.09	53.68	68.91	83.14	89.12	101.71	111.75	113.78	136.98	141.58
西部	30.99	40.98	53.24	60.37	69.58	76.48	81.17	84.56	104.79	101.00

图5-2　东、中、西部环境保护支出情况

三、实证结果与稳健性检验

（一）实证结果

本节建立混合回归模型进行分析，相关结果见表 5 - 2。从全国范围来看，财政分权对环境保护财政支出的影响在 1% 的置信水平下存在显著的负向影响，这说明随着财政分权的增大，地方政府将改变财政支出倾向，减少环境保护支出，这不利于我国质量的改善；FDI 对环境保护财政支出的影响在 1% 的置信水平下存在显著的负向影响，这说明 FDI 竞争改变了地方政府的环境保护偏好，明显降低了环境保护财政支出；其他控制变量的结果表明，人口密度、工业化程度和人口受教育程度的系数均为负，这说明地方政府在发挥其职能时更多地考虑的是其经济职能，较少关注其生态职能；地区经济发展水平对环境保护财政支出的影响系数为正，这说明随着地区经济的发展，地方政府环境保护财政支出能力也得以提高，相应地环保支出也不断增加。从东、中、西部来看，东部地区和中部地区的回归结果与全国 31 个省份整体的回归结果类似，西部地区略有不同，不同之处主要体现在 FDI 与人口受教育程度两方面。就西部地区而言，FDI 竞争与人口受教育程度对环境保护财政支出的影响为正向的，这说明地方政府为提升本辖区对外资的吸引力，致力于改善地区环境，人口受教育程度的提升使民众的生活观念发生变化，环保意识不断增强，地方政府基于社会公众对优美生态环境的需求也相应增加环境保护财政支出。

表 5 - 2 　　　　　　　　　　混合回归结果

	全样本	东部	中部	西部
FD	− 50. 5369 *** (5. 2184)	− 26. 9517 (33. 3573)	− 40. 4236 (25. 3052)	− 32. 5391 *** (5. 4190)
FDI	− 18. 3455 *** (5. 6806)	− 10. 1835 (8. 9063)	− 111. 773 *** (28. 2409)	85. 2402 (61. 1716)
PGDP	0. 0026 *** (0. 0002)	0. 0035 *** (0. 0004)	0. 0028 *** (0. 0002)	0. 0018 *** (0. 0003)
Density	− 0. 0198 *** (0. 0054)	− 0. 0301 ** (0. 0141)	0. 0493 * (0. 0278)	− 0. 0092 (0. 0506)

续表

	全样本	东部	中部	西部
Second	−89.4857 ** (35.0949)	−70.5853 (78.9965)	−82.8488 ** (39.8109)	−156.598 *** (50.6062)
Education	−2923.73 *** (602.857)	−7498.65 *** (2242.31)	−611.977 (797.169)	849.0977 (765.824)
CONS	144.2043 *** (21.1533)	154.4672 *** (45.5034)	90.9781 *** (25.4887)	108.65 *** (23.8668)

注：括号中为标准误，***、**、*分别表示在1%、5%和10%水平下显著，下表同。

（二）稳健性检验

本节选取30个省份①工业污染治理投资完成情况作为被解释变量再次进行回归，结果见表5-3。从表5-3可以看出，核心解释变量财政分权和政府竞争的回归系数与之前相比未发生本质变化，财政分权与政府竞争的加剧导致地方政府环境保护财政支出减少，其他变量含义同前。

表5-3   稳健性检验结果

	全样本	东部	中部	西部
FD	−22.9981 *** (2.6159)	−35.8108 *** (11.0422)	−5.1145 (22.2151)	−17.9773 *** (4.0791)
FDI	−1.0511 (1.9789)	−2.9110 (2.9482)	−5.8418 (24.7923)	−43.7099 *** (14.5043)
PGDP	0.0006 *** (0.0006)	0.0005 *** (0.0001)	0.0007 *** (0.0002)	0.0038 *** (0.0001)
Density	0.0007 (0.0019)	0.0065 (0.0046)	0.0213 (0.0439)	−0.0244 ** (0.0114)
Second	55.5023 *** (12.3231)	36.9418 (26.1501)	15.5628 (34.9494)	47.9961 ** (20.4717)
Education	−754.818 *** (210.296)	158.1452 (742.271)	−1439.42 ** (699.824)	251.1113 (256.458)
CONS	4.1315 (7.3956)	17.7922 (15.0629)	14.9192 (22.3762)	3.9515 (6.3331)

① 西藏地区2008—2010年数据缺失，故在稳健性检验中将其剔除。

四、研究结论与启示

本节采用环境保护财政支出的省际面板数据，建立混合回归模型分析了环境保护财政支出的影响因素。实证结果表明，财政分权与政府竞争的增大改变了地方政府的环境保护偏好，导致地方政府环境保护财政支出不断减少，这显然不利于我国环境质量的改善。结合前文的分析，我国环境保护财政支出还存在支出规模偏小、比重偏低的困境，财政分权与地方政府竞争更是加剧了这一困境。为此，有必要转变地方政府竞争观念，由对抗性竞争转变为合作性竞争，地方政府应当充分认识到通过合作促进各自利益的必要性，围绕区域环境治理这一主题，以基本公共服务均等化为目标推进地区间合作。此外，还应完善地方政绩考评机制，在核算体系中增加环境成本指标，提升地方政府的生态职能。

第三节　基于生态补偿的环境治理横向转移支付

生态补偿是资源环境保护的经济手段，其中心思想是"对生态环境的破坏者或受益者进行收费，对保护者给予补偿"。生态补偿是缓解地区间资源分配不均衡状况、协调地区间环境治理目标与利益冲突、确保生态保护可持续化的一项重要制度设计，也是实现环境治理跨区域财政合作的重要手段。《中华人民共和国环境保护法》中也明确规定"要建立健全生态保护补偿制度"[1]。然而，我国目前的生态补偿是以纵向转移支付为主的"输血型"补偿，虽然为地方生态补偿提供了资金基础，但是却弱化了资金使用效率的管理责任，引起资金的浪费和低效使用[2]。因此，有必要构建以横向财政转移支付为主，纵向转移支付为辅的跨区域生态补偿体系。

---

[1]　《中华人民共和国环境保护法》第三章第三十一条中规定："国家加大对生态保护地区的财政转移支付力度。有关地方人民政府应当落实生态保护补偿资金，确保其用于生态保护补偿。国家指导受益地区和生态保护地区人民政府通过协商或者按照市场规则进行生态保护补偿。"

[2]　李万慧.中国财政转移支付制度优化研究［M］.北京：中国社会科学出版社，2011.

一、生态补偿横向转移支付的功能

（一）有效降低交易成本

生态补偿横向转移支付是生态服务受益地区向生态环境保护者提供生态补偿转移支付资金的机制，主要指政府之间的资金流动。这一方式能够强化利益主体的信息激励，促使利益相关方在充分表达其利益诉求的基础上，通过协商谈判实现自身利益或成本的最优化。生态补偿纵向转移支付需要生态服务功能区根据自身实际情况预估其未来所需的生态补偿资金，据此向中央申请专项资金。这种方式极易导致相关各方的信息不对称。而横向转移支付通过明确双方的权利义务关系，相关各方的利益诉求直观明确，通过协商谈判实现权、责、利的统一，有效减少了由信息沟通不畅引起的诸多问题，降低了交易成本，强化了各主体的信息激励。

（二）提高资源的社会经济效益

生态补偿是运用经济手段协调地区间环境治理目标与利益冲突，解决生态效益外部性问题，保持社会发展公平性的机制，是对市场开发配置资源的有益补充，也是协调区域经济与生态环境和谐发展的重要手段。生态补偿横向转移支付能够有效避免各参与方因生态补偿成本利益归属不明确而过度使用资源，进而促进资源使用效率的改进，提高资源的社会经济效益。

（三）提高生态补偿资金的使用效率

生态补偿横向转移支付各参与方权责分明且在生态补偿资金取得的过程中获得了最大的主动权，这种方式能够充分调动各方加强环境保护和污染治理的自主性与积极性，避免由于政府职责缺位、事权不分而导致生态服务供给不足。此外，生态补偿横向转移支付增强了区域间的自觉能动性，将中央"输血"转变为自觉"造血"，有效保证了生态治理的长期性，同时激励地方政府通过自我约束提高生态补偿资金的使用效率，避免由于生态补偿资金不足或者转移支付规模过大产生更大的经济损失。

二、生态补偿转移支付制度建立的依据

一是受益者补偿（破坏者付费）。即"谁污染谁付费、谁受益谁补偿"。一方面，针对相关主体对生态环境破坏而导致生态系统服务功能退化的行为，破坏者应承担环境污染与破坏的责任，支付相应的费用；另一方面，生态服务功能的受益者也应当向生态服务功能的提供者支付相应的费用。二是权力与责任对等。生态补偿横向转移支付的目的在于协调区域间利益冲突，确保生态保护的持续性与长期性。因此，相关政策设计必须明确各主体的权利与义务，明确其生态保护的责任和范围，促使生态补偿切实发挥作用。三是注重公平性。根据我国主体功能区规划，限制开发区和禁止开发区承担了重要的生态服务功能，在履行其生态保护职能时牺牲了一定的发展权利。因此，有必要按照公平性原则，在生态服务各利益相关者之间合理分配建设成本与环境收益。四是体现差异性。生态补偿标准的量化是生态补偿机制确立的重中之重。然而，我国地域辽阔，地区间经济发展水平、公众环保认知水平、生态纳污能力等方面差距明显。对此，相关政策设计应当充分考虑地区差异，结合地区经济发展水平、公众环保认知差异等因素制定适宜的标准。

三、生态补偿转移支付资金来源归属

生态补偿财政转移支付资金的来源归属问题实质是补偿资金在中央政府、受益地区政府和保护地区政府之间如何分担以及分担的依据等问题①。从受益的视角来看，生态服务的外溢性特征导致单个行政区难以持续足额提供优质的生态环境产品，此外，由生态功能区牺牲其经济发展机会承担生态环境公共服务供给职责也不利于地区间基本公共服务均等化的实现，因此，基于效率与公平原则，中央财政应当承担其调控职能，平衡地区间差异。从公平发展的视角来看，生态环境的保护主体与受益主体应当享有平等的发展权利。然而，生态环境服务的外溢性极易导致生态价值开发的不公平，因此，获得外溢生态价值的受益地区应当成为补偿资金的负担者。除此之外，受益主体

---

① 张彰. 生态功能区财政补偿资金来源负担归属研究——基于微观经济学的博弈分析 [J]. 中央财经大学学报, 2016 (11): 19 – 27.

的支付能力在一定程度上也会影响补偿资金的来源归属。一般而言，收入高的地区其支付能力也相应较高。基于此，支付能力强的受益地区是补偿资金的主要来源，支付能力弱的地区承担补偿资金的比例则相对较小。目前，我国部分省市已经开展了有关生态补偿的实践，财政转移支付是最主要资金来源，其中又以中央财政的纵向转移支付为主，呈现出明显的"纵多横少"格局。这种补偿方式存在着补偿标准偏低、补偿方式单一、补偿范围偏窄等问题①，因此有必要进一步完善中央政府和受益地区财政生态补偿资金共担机制，建立以横向转移支付为主、纵向转移支付为辅的生态补偿机制，不断提升地区间环境治理跨区域合作的积极性与自主性。

四、生态补偿转移支付可行性

一方面，中央出台了一系列法律法规对建立生态补偿机制提出了明确要求（见表5-4），建立了生态补偿转移支付的制度基础。另一方面，为加强生态保护，我国部分地区间已经开展了横向生态补偿的实践。2005年，北京市与河北省制定《北京市与周边地区水资源环境治理合作资金管理办法》，规定2005—2009年北京市财政每年从水利基金中安排2000万元用于支持张家口和承德地区水资源保护项目。2011年，财政部、原环境保护部印发《新安江流域水环境补偿试点实施方案》（财建函〔2011〕123号），明确指出从2011年起启动实施新安江流域水环境补偿试点工作，设立新安江流域水环境补偿资金，以街口断面水污染综合指数作为上下游补偿依据。试点实施以来，新安江流域总体水质保持为优。河南省2010年全面实行地表水环境生态补偿机制，除此之外，江苏、辽宁、河北等省份也都开展了基于水污染控制的流域跨区生态补偿实践②。中央层面相关政策法规的出台，省级层面的生态补偿实践为制度化、有序化的生态补偿转移支付机制的建立奠定了坚实的基础。

---

① 王树华. 长江经济带跨省域生态补偿机制的构建 [J]. 改革, 2014 (06): 32-34.

② Liu S Q. Review of watershed ecological compensation in China [J]. Truth Seeking, 2011 (03): 49-52.

表 5-4　　　　有关生态补偿法律法规　　　　　　　　　095

文件名	发布时间	相关内容
《中华人民共和国森林法》	1984.9	国家设立森林生态效益补偿基金，用于提供生态效益的防护林和特种用途林的森林资源、林木的营造、抚育、保护和管理。
《中华人民共和国水土保持法》	1991.6	国家加强江河源头区、饮用水水源保护区和水源涵养区水土流失的预防和治理工作，多渠道筹集资金，将水土保持生态效益补偿纳入国家建立的生态效益补偿制度。
《中华人民共和国防沙治沙法》	2001.8	因保护生态的特殊要求，将治理后的土地批准划为自然保护区或者沙化土地封禁保护区的，批准机关应当给予治理者合理的经济补偿。
《中华人民共和国环境保护法》（2014年修订）	2014.4	国家加大对生态保护地区的财政转移支付力度。有关地方人民政府应当落实生态保护补偿资金，确保其用于生态保护补偿。国家指导受益地区和生态保护地区人民政府通过协商或者按照市场规则进行生态保护补偿。
《中华人民共和国水污染防治法》（2017年第二次修正）	2018.1	国家通过财政转移支付等方式，建立健全对位于饮用水水源保护区区域和江河、湖泊、水库上游地区的水环境生态保护补偿机制。

资料来源：作者根据相关文件整理。

第四节　流域水污染生态补偿标准测算
——以长江流域为例

本节重点讨论基于排污权交易的流域生态补偿问题。在案例的选取上，选取长江流域为研究对象。2018年1月16日，长江委召开丹江口水库水流产权确权试点工作专题推进会，研究部署工作任务和工作安排以推动水利重点领域改革。2018年4月24—26日，习近平总书记到长江沿岸湖北、湖南两省实地考察调研长江生态环境修复工作，并指出"推动长江经济带发展必须从中华民族长远利益考虑，走生态优先、绿色发展之路，使绿水青山产生巨大生态效益、经济效益、社会效益，使母亲河永葆生机活力"。由此可见长江流域重要的生态地位。另外，长江流域自西而东横贯我国19个省、自治区和直辖市，其生态补偿问题涉及多个省份的协调，能够为其他地区跨区域生态补偿机制的建立提供借鉴。基于各个省份排污对长江流域污染的影响程度的不同，本节重点研究长江干流流经的11个省、自治区、直辖市的生态补偿问题。

一、生态补偿测算方法

生态补偿机制的构建主要是基于"谁污染谁支付、谁受益谁补偿"的基本思路。生态补偿标准的量化是生态补偿机制确立的重中之重。已有的国内文献中，关于生态补偿标准的讨论可以分为五类：一是基于成本补偿角度提出生态补偿的标准，包含生态保护者为保护生态环境投入的人力、物力、财力等直接成本以及由于生态环境保护牺牲部分发展权而产生的机会成本；二是基于生态服务价值角度提出的生态补偿标准，生态服务的价值指生态系统产品或服务的市场价格，该角度的核心在于通过经济方法估算生态服务的价值，以此确定生态补偿的标准；三是基于生态足迹理论提出的生态补偿标准，生态足迹模型是"通过测定一定区域内维持人类生存与发展的自然资源消费量，以及吸纳人类产生的废弃物所需要的生物生产性土地面积的大小，与给定的区域生态承载力进行比较，从而评估人类对生态系统的影响"[①]；四是从支付意愿角度确定生态补偿标准，主要根据利益相关者的支付意愿或受偿意愿确定补偿标准；五是从受损角度提出生态补偿标准，该角度主要针对经济行为产生的负外部性影响，以此判定生态补偿额度。此外，还有学者从污染权、生态纳污能力等视角建立生态补偿模型。

总体来看，有关生态补偿的研究成果比较丰富，然而却没有形成统一规范的标准，现有核算方法的多样性也导致同一案例生态补偿数额的差异。此外，学者们在讨论生态补偿标准时很少关注基于产权交易的市场补偿问题，较少从生态补偿与排污权交易相结合的角度考察流域的生态补偿问题。排污权交易是"一项基于市场手段的环境经济政策，是在污染物排放总量指标确定的条件下，通过市场机制在污染者之间对所排放污染物的配额进行交易，从而实现社会低成本污染治理的有效手段"[②]。排污权交易是对"谁污染谁治理"的本底性保障，较好地协调了经济发展与生态环境保护之间的关系，并且已在多地试点运行，能够有效激发区域合作动力。

由于水资源的流动性，水污染物的传输一般都超越行政边界，危及污染

---

① 王昱. 区域生态补偿的基础理论与实践问题研究 [D]. 长春：东北师范大学，2009.
② 林涛. 排污权交易制度中的价格研究 [J]. 工业技术经济，2010，29（11）：80-84.

源地及其相邻地区。环境污染的负外部性与环境治理正外部性之间的矛盾促使地区间打破行政区划的壁垒，从区域整体利益出发走向合作治理。生态补偿机制是通过经济手段促使外部经济内部化、对生态环境的保护者予以"补偿"、对破坏者予以"惩罚"的机制，是推动地区间联合行动、治理污染的有效机制之一。生态补偿标准的确立是生态补偿能否顺利实施的前提。对于长江流域而言，长江干流流经我国东、中、西部共 11 个省、自治区、直辖市，每个地区的经济发展水平不同从而导致其对污染的贡献率也不同，因此，需要结合各地区经济发展水平和排污量确定补偿标准。本书借鉴吕志贤等(2011)[①] 和余光辉等 (2015)[②] 的思路根据各地区的实际支付能力和污染贡献率测算生态补偿系数，进而根据 11 个省份人均排污量与总体年平均排污量之间的差额确定补偿的主体和金额。经济发展水平和污染贡献率高于地区平均值的地区多支付一定的补偿额；而实际支付能力和污染贡献率低于地区平均值的地区则可以获得相应的经济补偿；超量排放的地区支付补偿，有节余的地区获得补偿，从而使得补偿金额的分配更加公平、合理，推动流域环境治理。

二、生态补偿标准系数的测算

为确保流域生态补偿的公平性与合理性，结合各地区经济发展水平、人口、环境保护能力等因素，以长江干流 11 个地区的平均值为标准值，在此基础上计算补偿标准系数。相关指标包含地区人均生产总值、年末总人口数、地区人均工业总产值和万元 GDP 废水排放量。地区人均生产总值体现了地区的经济实力，代表地区的支付能力；地区人口总数在一定程度上代表地区生活污水的排放强度；地区人均工业产值代表工业发展对流域生态环境资源的利用和破坏强度，是资源公平使用权的有效体现；万元 GDP 废水排放量用以反应经济发展程度与排污情况是否合理。2016 年长江流域 11 个省份的相关数据如表 5－5 所示。

---

① 吕志贤，李元钊，李佳喜. 湘江流域生态补偿系数定量分析 [J]. 中国人口·资源与环境，2011, 21 (127)：451－454.

② 余光辉，陈莉丽，田银华，等. 基于排污权交易的湘江流域生态补偿研究 [J]. 水土保持通报，2015, 35 (05)：159－163.

表 5 – 5　　　　　　　2016 年长江流域 11 个地区指标因子数值

地区	地区人均生产总值（元）	人口数（万人）	人均工业总产值（元）	废水年排放量（万吨）	万元 GDP 废水排放量（吨）
上海	116440.70	2420	34736.69	220758.79	7.83
江苏	96747.44	7999	43279.78	616624.01	7.97
安徽	39392.54	6196	19079.37	240665.86	9.86
江西	40285.28	4592	19228.09	221091.88	11.95
湖北	55506.17	5885	24901.24	274787.28	8.41
湖南	46249.44	6822	19556.10	298756.94	9.47
重庆	58204.04	3048	25915.09	202061.27	11.39
四川	39862.67	8262	16278.04	352826.44	10.71
云南	30996.48	4771	11926.56	181089.33	12.25
西藏	34785.80	331	12965.86	6142.75	5.33
青海	43380.94	593	21078.92	27275.14	10.60
平均值	54713.77	4629	22631.43	240189.06	9.62

数据来源：《中国统计年鉴 2017》。

　　由表 5 – 5 可以看出，人均生产总值较高的地区废水年排放量相对也比较高，充分验证了经济发展与环境污染的相关性；万元 GDP 废水排放量是衡量经济发展与排污情况是否合理的依据，各省的差异较大，云南、重庆和江西的数值最高，说明这几个地区都应当加强水污染治理。

　　本节将 11 个地区的各项指标与它们的平均值作比较得出各指标相应的系数，继而用 4 个指标的算术平均值计算地区生态补偿系数，具体公式如下：

$$R_{si} = \left(\frac{GDP_i}{GDP_{mean}} + \frac{TP_i}{TP_{mean}} + \frac{GIP_i}{GIP_{mean}} + \frac{WQ_i}{WQ_{mean}} \right) \Big/ 4 \qquad (5-1)$$

　　其中，R_{si} 是 i 地区的生态补偿标准系数，GDP_i 代表 i 地区的人均生产总值，GDP_{mean} 为各地区人均生产总值的平均值；TP_i 为 i 地区的总人口数，TP_{mean} 为各地区人口数的平均值；GIP_i 为 i 地区的人均工业生产总值，TP_{mean} 为各地区人均工业生产总值的平均值；WQ_i 为 i 地区万元 GDP 废水排放量，WQ_{mean} 为各地区万元 GDP 废水排放量的平均值。

　　根据表 5 – 5 和式（5 – 1）可以计算长江流域 11 个地区生态补偿标准系数，如表 5 – 6 所示。

表 5 – 6　　　　　　长江流域 11 个省份生态补偿标准系数

地区	上海	江苏	安徽	江西	湖北	湖南
生态补偿标准系数	1.250	1.559	0.982	0.955	1.065	1.042
地区	重庆	四川	云南	西藏	青海	平均值
生态补偿标准系数	1.013	1.087	0.849	0.459	0.739	1

注：平均值为长江流域 11 个省份补偿标准系数的平均值。

从表 5 – 6 中的数值不难看出，上海、江苏、湖北、湖南、重庆和四川六个省份的补偿标准系数均高于流域各省份平均值，说明这六个省份在经济发展的同时对长江流域污染的贡献率较大，其支付能力也较强，应当对长江流域水污染治理做出更多的补偿。

三、生态补偿标准的测算

根据表 5 – 5 对长江流域 11 个省份的排污量进行数据统计，将 11 个省份人均废水年排放量的平均值作为理论排放量，每个省份的人均废水年排放量①作为实际排放量，通过对比实际排污量与理论排污量之间的差额确定补偿主体。如果省份的人均废水年排放量大于省份均值，则说明该省份存在超量排放问题，其污染水平较高，反之则说明其属于节余排放。将每个省份超量或结余排放的数值与省份人口数相乘，得出省份最终的年超量排放量或结余排放量，具体公式如下：

$$WQ_{ei} = (WQ_{fi} - WQ_{mean}) \times TP_i \qquad (5-2)$$

其中，WQ_{ei} 为 i 省份最终超量或结余排放量，WQ_{fi} 为 i 省份人均废水年排放量，WQ_{mean} 为 11 个省份的均值，TP_i 为 i 省份总人口数。各省份废水排放量及其计算结果如表 5 – 7 所示。

表 5 – 7　　　　　　长江流域 11 个省份污水排放量情况

地区	废水排放量（万吨）	人均废水年排放量（吨）	人均年排放量与均值之差（吨）	实际排污量与理论排污量之差（万吨）
上海	220758.79	91.22	40.56	98154.34

---

① 2018 年 2 月至 4 月，按水利部办公厅印发的《关于开展重要河湖生态水量调查工作的通知》要求，长江委重新确定了重要河湖断面名录及其生态水量指标，并对其满足状况进行分析，相关数据并未发布，故本文在计算排污量时主要是基于各地区人均废水年排放量。

续表

地区	废水排放量（万吨）	人均废水年排放量（吨）	人均年排放量与均值之差（吨）	实际排污量与理论排污量之差（万吨）
江苏	616624.01	77.09	26.42	211370.69
安徽	240665.86	38.84	-11.82	-73242.07
江西	221091.88	48.15	-2.52	-11552.61
湖北	274787.28	46.69	-3.97	-23364.46
湖南	298756.94	43.79	-6.87	-46866.03
重庆	202061.27	66.29	15.63	47640.45
四川	352826.44	42.70	-7.96	-65751.25
云南	181089.33	37.96	-12.71	-60623.83
西藏	6142.75	18.56	-32.10	-10626.70
青海	27275.14	46.00	-4.67	-2768.02
均值		50.66		

注："-"代表比平均值小。

从表5-7中不难看出，上海、江苏和重庆三个省份的人均废水年排放量高于各地均值，应当支付补偿。

补偿标准是根据每个省份的排放量与排污权价格确定的，相关公式如下：

$$ECF_i = WQ_{ei} \times P \qquad (5-3)$$

其中，ECF_i为i省份的生态补偿标准；WQ_{ei}为超量或结余排放量；P为排污权价格。

一般而言，包括工业废水在内的污染物是难以直接通过市场进行交易的，因此，排污权的价格也无法通过直接交易获得。关于排污权的价格问题，学者们并没有达成一致，本文直接引用金帅（2011）基于计算实验模型计算出的完全均衡状态下的排污权价格6.44元/吨，以此作为排污权参考价格计算补偿准。相关计算结果见表5-8。

表5-8　　　　长江流域11个省份结合生态补偿标准的补偿额

地区	实际排污量与理论排污量之差（万吨）	排污权价格（元/吨）	生态补偿标准（万元）	生态补偿标准系数	生态补偿金额（万元）
上海	98154.34	6.44	632113.92	1.25	790226.30
江苏	211370.69	6.44	1361227.26	1.56	2122566.49
安徽	-73242.07	6.44	-471678.95	0.98	-463058.67
江西	-11552.61	6.44	-74398.78	0.96	-71064.66

续表

地区	实际排污量与理论排污量之差（万吨）	排污权价格（元/吨）	生态补偿标准（万元）	生态补偿标准系数	生态补偿金额（万元）
湖北	− 23364.46	6.44	− 150467.13	1.07	− 160280.66
湖南	− 46866.03	6.44	− 301817.23	1.04	− 314480.07
重庆	47640.45	6.44	306804.52	1.01	310773.69
四川	− 65751.25	6.44	− 423438.03	1.09	− 460139.03
云南	− 60623.83	6.44	− 390417.48	0.85	− 331617.13
西藏	− 10626.70	6.44	− 68435.96	0.46	− 31394.56
青海	− 2768.02	6.44	− 17826.03	0.74	− 13168.66

注：正数为应当支付补偿，负数为应当接受补偿。

由表5－8可知，上海、江苏和重庆由于其超标排放应当分别支付632113.92万元、1361227.26万元、306804.52万元；而安徽、江西、湖北、湖南、四川、云南、西藏、青海由于其污染物排放地域平均水平，故应分别给予相应数额的补偿。

四、生态补偿额的测算

如前所述，为体现公平性与合理性，在补偿标准的基础上设置了补偿标准系数，根据补偿标准与标准系数的乘积计算生态补偿金额（最终结果见表5－8）。由表5－8可知，上海、江苏和重庆应当分别支付790226.30万元、2122566.49万元、310773.69万元；而安徽、江西、湖北、湖南、四川、云南、西藏、青海应分别给予463058.67万元、71064.66万元、160280.66万元、314480.07万元、460139.03万元、331617.13万元、31394.56万元和13168.66万元补偿。

第五节　大气污染生态补偿标准测算
——以京津冀为例

对于大气污染生态补偿，本节选取京津冀地区的雾霾治理为例进行研究。一方面，京津冀的大气污染治理与其他地区一样，污染边界与行政边界的不重合促使地区间加强合作，具有普遍性；另一方面，在京津冀三个省市之间，河北省承担了大气污染治理的主要压力，具有特殊性。与此同时，京津冀是我国发展程度较高的区域之一，京津冀地区的雾霾治理问题不仅关系国计民生，更关系到中国政府的政治形象。京津冀地区雾霾治理问题的解决能够为其他地区大气污染治理的合作提供借鉴。目前，国内关于流域生态补偿标准及实践的研究相对比较充足，关于大气污染生态补偿的研究相对较少，对于大气污染补偿标准的确定，有学者通过计算雾霾治理对河北省 GDP 的影响进而确定补偿标准①，也有学者基于能源生态足迹和生态承载力确定补偿额②，本节拟通过计算河北省为治理大气污染支出的成本③确定补偿标准，根据经济发展水平计算补偿分配系数，进而确定生态补偿额。

一、生态补偿标准测算

大气污染生态补偿量化的重点在于对大气污染治理所花费成本的计量。这一成本是河北省为治理大气污染支出的直接成本与间接成本的总和。直接成本为河北省治理大气污染的投资（包括治理废气投资和林业投资中用于生态建设与保护的支出）；间接成本即为河北省为保护生态环境限制工业企业发展而带来的损失。即：

$$TC = DC + IC \tag{5-4}$$

其中，TC 为总成本，DC 为直接成本，IC 为间接成本。

由于各种工业限制导致的经济损失难以直接计量，本文借鉴钟华等

① 李惠茹，丁艳如. 京津冀生态补偿核算机制构建及推进对策［J］. 宏观经济研究，2017（04）：148－155.

② 张贵，齐晓梦. 京津冀协同发展中的生态补偿核算与机制设计［J］. 河北大学学报（哲学社会科学版），2016，41（01）：56－65.

③ 本节重点关注河北省的污染治理支出主要是基于京津冀地区长期以来遵守的是"保障首都，服务首都"的原则，《京津冀协同发展规划纲要》更是强调要疏解北京的非首都功能，将一些相对低端、低效益、低附加值、低辐射的经济部门疏解到河北、天津等周边区域。事实上，河北省承担了大气污染控制的主要压力。故在京津冀地区大气污染治理跨区域合作中，相关成本的计算以河北省的支出为主，北京和天津作为受益者据此给予河北地区一定的补偿。

(2008)① 和李怀恩等 (2010)② 计算限制发展机会补偿量的方法，通过将河北省经济发展状况与京津冀地区及全国平均水平进行比较的方法间接计算河北的经济损失。计算公式如下：

$$IC = \frac{IC_{jjj} + IC_c}{2} \times r \qquad (5-5)$$

$$IC_{jjj} = (UPCDI_{jjj} - UPCDI_h) \times UP_h + (RPCNI_{jjj} - RPCNI_h) \times RP_h$$
$$(5-6)$$

$$IC_c = (UPCDI_c - UPCDI_h) \times UP_h + (RPCNI_c - RPCNI_h) \times RP_h$$
$$(5-7)$$

其中，$UPCDI_{jjj}$、$UPCDI_h$和$UPCDI_c$分别代表京津冀、河北省和全国的城镇人均可支配收入；$RPCNI_{jjj}$、$RPCNI_h$和$RPCNI_c$分别代表京津冀、河北和全国的农村居民人均可支配收入；UP_h为河北省城镇总人口；RP_h为河北省农村总人口；r为均衡因子。由于并非整个河北省的产业发展都受到保护环境的影响，故取均衡因子r为0.01③。

2014—2016年④河北省为治理大气污染投入的成本见表5-9。

表5-9　　　　2014—2016年河北省治理大气污染投入成本

成本		金额（万元）		
		2014 年	2015 年	2016 年
直接成本	治理废气投资	779803	411968	230068
	林业投资	636325	692550	829170
间接成本	限制工业发展损失的成本	56968.11	288426.16	320863.31
总成本		1473096.11	1392944.15	1380101.31

数据来源：《中国统计年鉴》。

① 钟华，姜志德，代富强.水资源保护生态补偿标准量化研究——以渭源县为例 [J].安徽农业科学，2008，36 (20)：8752-8754.
② 李怀恩，肖燕，党志良.水资源保护的发展机会损失评价 [J].西北大学学报（自然科学版），2010，40 (02)：339-342.
③ 张贵，齐晓梦.京津冀协同发展中的生态补偿核算与机制设计 [J].河北大学学报（哲学社会科学版），2016，41 (01)：56-65.
④ 2013年9月，国家发布"大气十条"，提出建立区域大气污染防治协作机制。2013年底，由北京市牵头，天津、河北、山西、内蒙、山东六省区市和国家发改委、财政部、原环保部、工信部等七部委共同成立了京津冀及周边地区大气污染防治协作小组，共同推进区域大气污染联防联控工作。京津冀地区的大气污染治理合作始于2014年，故本文选取2014—2016年的数据加以分析。

二、生态补偿标准系数测算

河北省为治理大气污染而投入的成本，应当在受益区即北京和天津之间进行合理地分摊。借鉴张贵等（2016）[①]根据用水量和支付水平对流域水资源保护成本进行分摊的算法，本节根据能源消耗量和支付水平计算分摊系数，具体公式如下：

$$R_{si} = \frac{P_i + Q_i}{2}, i = 1, 2, 3 \qquad (5-8)$$

其中，R_{si} 为 i 地区分摊系数；P_i 为 i 地区支付水平；$Q_i = E_i / \sum_1^3 E_i$ 为地区能源消耗总量占比，E_i 为 i 地区能源消耗总量。

式 5-8 中，地区支付水平的公式为：

$$P_i = L_i \times \left(\frac{e^{t_i}}{e^{t_i}} + 1 \right) \qquad (5-9)$$

其中，t_i 为恩格尔系数的倒数，L_i 为补偿能力，具体公式为：

$$L_i = \frac{GDP_i}{N_i} \Big/ \sum_1^3 \frac{GDP_i}{N_i}, i = 1, 2, 3 \qquad (5-10)$$

式（5-10）中，GDP_i 为 i 地区生产总值；N_i 为地区人口数。

随后根据公式 $y_i = x_i / \sum_1^3 x_i, i = 1, 2, 3$ 对 R_{si} 进行归一化处理，得出分配系数表（见表5-10）。

表5-10　京津冀三省市能源消耗总量和经济发展水平分摊系数

年份	地区	能源消耗总量 （万吨标准煤）	占比 Q_i （%）	支付水平 R_{si}（%）	归一后的 R_{si}（%）
2014	北京	6831.23	15.42	39.01	40.75
	天津	8145.1	18.39	40.72	42.54
	河北	29320.2	66.19	15.99	16.70
2015	北京	6852.55	15.46	41.15	42.43
	天津	8078	18.22	40.36	41.62
	河北	29395.4	66.32	15.47	15.95

---

① 张贵，齐晓梦. 京津冀协同发展中的生态补偿核算与机制设计［J］. 河北大学学报（哲学社会科学版），2016，41（01）：56-65.

续表

年份	地区	能源消耗总量 （万吨标准煤）	占比 Q_i （%）	支付水平 R_{si}（%）	归一后的 R_{si}（%）
2016	北京	6961.7	12.03	42.21	43.35
	天津	8205.7	14.18	39.97	41.05
	河北	42703.65	73.79	15.20	15.61

数据来源：《中国统计年鉴》《北京统计年鉴》《天津统计年鉴》《河北经济年鉴》。由于河北省2016年的数据还未公布，其2016年的能源消耗总量根据《中国统计年鉴》中地区主要能源产品消费量计算而得。

由表 5 - 10 不难看出，京津冀三地中，河北省的能源消耗量最大，但是其支付水平却最低。由此在京津冀大气污染联防联治中，河北省为治理大气污染而限制工业的发展，必然会付出较大的经济代价。作为受益者，北京、天津应当给予河北适当的补偿。

三、生态补偿额测算

根据表 5 - 10 计算出的能源消耗总量和经济发展水平分摊系数可以得出大气污染治理成本分摊系数，进而得到北京和天津应当补偿河北的金额，如表 5 - 11 所示。

表 5 - 11　　　　　　　　　北京、天津补偿比例与金额

年份	地区	大气污染治理 成本（万元）	分摊系数 （%）	补偿金额 （万元）	总计（万元）
2014	北京	1473096.11	28.09	413762.31	862529.37
	天津		30.46	448767.05	
2015	北京	1392944.15	28.95	403193.84	819969.11
	天津		29.92	416775.27	
2016	北京	1380101.31	27.69	382117.84	763196.06
	天津		27.61	381078.21	

由表 5 - 11 可知，北京、天津在大气污染治理方面，2014—2016 年合计应当分别补偿河北 862529.37 万元、819969.11 万元、763196.06 万元。从发展趋势来看，补偿金额总体呈下降趋势，这说明京津冀三省市能源结构逐步优化，生态环境总体呈好转趋势，生态环境污染治理跨区域合作初见成效。

第六章　环境治理跨区域合作国际经验

第一节　关于温室气体减排的国际行动

1930 年 12 月，比利时马斯河谷工业区上空出现了很强的逆温层，致使 13 个大烟囱排出的烟尘无法扩散，大量有害气体积累在近地大气层，对人体造成严重伤害。与之类似的还有 1948 年美国多诺拉烟雾事件、1952 英国伦敦烟雾事件、1959 年墨西哥的波萨里卡事件等，这些事件都是由于工业排放烟雾造成的大气污染公害事件。大气污染的流动性促使相关国家联合起来遏制污染扩散所带来的负面效应，应对气候变化的国际合作在全球治理中占据重要地位。

一、世界气候变化大会

（一）里约联合国环境与发展大会

里约联合国环境与发展大会，即全球环境首脑会议，于 1992 年 6 月在巴西里约热内卢举行，是继 1972 年瑞典斯德哥尔摩举行的联合国人类环境大会之后全球环境问题的最高级会议，有 183 个国家代表团，70 个国际组织的代表参加了会议，103 位国家元首和首脑到会讲话。会议通过了关于环境与发展的《里约热内卢宣言》和《21 世纪行动议程》，154 个国家签署了《气候变化框架公约》，148 个国家签署了《保护生物多样性公约》。大会还通过了有关森林保护的非法律性文件《关于森林问题的政府声明》。其中，《气候变化框架公约》是世界上第一个应对全球气候变暖的国际公约。"里约宣言"指出：和平、发展和保护环境是互相依存、不可分割的，世界各国应在环境与发展领域加强国际合作，为建立一种新的、公平的全球伙伴关系而努力。

（二）联合国气候变化框架公约第 3 次缔约方大会

1997 年 12 月 11 日，第 3 次缔约方大会在日本京都召开。149 个国家和地区的代表通过了《京都议定书》，它规定"从 2008 年到 2012 年期间，主要工业发达国家的温室气体排放量要在 1990 年的基础上平均减少 5.2%，其中欧盟将 6 种温室气体的排放削减 8%，美国削减 7%，日本削减 6%。"① 但是 2000 年 11 份在海牙召开的第 6 次缔约方大会期间，世界上最大的温室气体排放国美国坚持要大幅度折扣它的减排指标，因而使会议陷入僵局，大会主办者不得不宣布休会，将会议延期到 2001 年 7 月在波恩继续举行。

（三）哥本哈根联合国气候变化大会

哥本哈根联合国气候变化大会于 2009 年 12 月 7—18 日在丹麦首都哥本哈根召开。会议的主要议题是商讨《京都议定书》一期承诺到期后的后续方案，就未来应对气候变化的全球行动签署新的协议，被喻为"拯救人类的最后一次机会"的会议。在会议的磋商过程中，各主要参与国在《京都议定书》第一承诺期（2008—2012 年）到期之后温室气体减排责任分担上产生了分歧。发达国家要求中国、巴西、俄罗斯和印度等排放大国承诺具有强制约束力的减排目标；而发展中国家则要求发达国家在温室气体的排放上率先行动，为发展中国家提供资金与技术支持。经过激烈的谈判，会议最终达成了附有反对国家名单脚注的《哥本哈根协定》。尽管不具备法律约束力，《哥本哈根协议》规制了各排放大国真正的减排政策，确立了评估国家减排义务的透明框架，维护了《联合国气候变化框架公约》和《京都议定书》确立的"共同但有区别的责任"原则。

（四）巴黎气候大会

2015 年 11 月 30 日至 12 月 11 日，《联合国气候变化框架公约》（以下简

---

① http：//www. huaxia. com/zt/tbgz/09 - 082/1659967. html.

称《公约》）第 21 次缔约方会议（世界气候大会）于巴黎举行。这次会议的主要议程是在《公约》框架下达成一项"具有法律约束力的并适用于各方的"全球减排新协议，为 2020 年后全球应对气候变化行动作出安排，集中讨论融资与技术转让问题。184 个国家提交了应对气候变化"国家自主贡献"文件，涵盖全球碳排放量的 97.9%。会议上，近 200 个缔约方一致同意通过《巴黎协定》，标志着国际社会在应对气候变化进程中又向前迈出了关键一步。

（五）波恩联合国气候大会

2017 年 11 月 6 日至 17 日，联合国气候变化框架公约第 23 次缔约方大会在德国波恩召开。大会就《巴黎协定》的实施展开进一步谈判，旨在落实《巴黎协定》规定的各项任务，提出规划安排。大会上，中国代表团则呼吁大会设置议程，盘点 2020 年前全球应对气候变化行动，落实 2020 年前减排目标和履行对发展中国家提供资金技术支持的义务等。

二、应对气候变化的国际法律文本

（一）《联合国气候变化框架公约》

《联合国气候变化框架公约》（UNFCCC）是联合国大会 1962 年 5 月 9 日通过的一项国际公约。目的是将温室气体浓度维持在一个稳定的水平，以尽量延缓全球变暖效应。根据"共同但有区别的责任"原则，《公约》对发达国家和发展中国家规定了不同的义务和履行义务的程序，要求发达国家承担削减排放温室气体的义务，并向发展中国家提供资金支持；承认发展中国家有消除贫困、发展经济的需要，不承担有法律约束力的削减义务，可以接受发达国家的资金、技术援助，但不得出卖排放指标。《公约》是世界上第一个应对全球气候变暖的国际公约，奠定了应对气候变化国际合作的法律基础，是具有权威性、普遍性和全面性的国际框架。

（二）《京都议定书》

《京都议定书》（Kyoto Protocol）是 1997 年 12 月在日本京都《联合国气

候变化框架公约》第三次缔约方会议上制定的，是《公约》的补充条款，其目的在于推动《公约》目标的实现，将温室气体的含量控制在一个适当的水平，《京都议定书》的主要内容包括：附件一国家整体在 2008—2012 年应将其年均温室气体排放总量在 1990 年基础上至少减少 5%；减排多种温室气体；发达国家可采取"排放贸易""共同履行""清洁发展机制"三种"灵活履约机制"作为完成减排义务的补充手段①。《京都议定书》需要在占全球温室气体排放量 55% 以上的至少 55 个国家批准，才能成为具有法律约束力的国际公约。中国于 1998 年 5 月签署并于 2002 年 8 月核准了该议定书。欧盟及其成员国于 2002 年 5 月 31 日正式批准了《京都议定书》。2004 年 11 月 5 日，俄罗斯总统普京在《京都议定书》上签字，使其正式成为俄罗斯的法律文本。条约于 2005 年 2 月 16 日开始强制生效。美国曾于 1998 年签署了《京都议定书》，但却在 2001 年 3 月宣布拒绝批准《京都议定书》，2011 年 12 月，加拿大宣布退出《京都议定书》，成为继美国之后第二个签署后又退出的国家。这些碳排放大国的退出导致《京都议定书》减排目标实施效果并不理想。

（三）《巴黎协定》

《巴黎协定》是 2015 年 12 月 12 日在巴黎气候变化大会上通过、2016 年 4 月 22 日在纽约签署的气候变化协定，主要目标是将 21 世纪全球平均气温上升幅度控制在 2 摄氏度以内，并将全球气温上升控制在前工业化时期水平之上 1.5℃ 以内②。《巴黎协定》采取了被缔约方广泛接受的国家自主贡献的减排模式。区别于《京都议定书》"自上而下"的减排模式，《巴黎协定》的每一个缔约国都能从自身能力出发进行减排，是一种"自下而上"的制度安排。在机制安排上，《巴黎协定》首次将技术和开发转让与资金资助关联，建立了新的可持续发展机制，创建了增强行动和资助透明度的框架以及应对气候变化的全球总结模式。在《巴黎协定》开放签署首日，包括美国在内的 175 个国家签署了这一协定。中国全国人大常委会于 2016 年 9 月 3 日批准中

---

① http：//www.fmprc.gov.cn/web/ziliao_ 674904/zt_ 674979/dnzt_ 674981/xzxzt/xzxffgcxqhbh_ 684980/qhbhbldh/t1318575.shtml.

② 新一轮气候谈判开幕《巴黎协定》实施细则求突破［EB/OL］.（2018－05－0）.中国新闻网.

国加入《巴黎气候变化协定》，成为第 23 个完成批准协定的缔约方。然而，2017 年 6 月 1 日，特朗普以"《巴黎协定》让美国处于不利位置，而让其他国家受益"为由宣布退出《巴黎协定》。美国的退出虽然会对《巴黎协定》的实施带来一定的负面效应，但却不能阻止《巴黎协定》继续发挥效力。

三、全球气候治理国际合作的实现

结合前文的论述，全球气候治理国际合作的实现同样经历了协商、承诺、执行和监督四个阶段。以《联合国气候变化框架公约》的签署为例，1979 年在瑞士日内瓦召开的第一次世界气候大会上，科学家警告说，大气中二氧化碳浓度增加将导致地球升温，气候变化首次作为一个受到国际社会关注的问题提上议事日程。1990 年，第二次世界气候大会呼吁建立一个气候变化框架条约，提出不同发展水平国家"共同但有区别的责任"的原则，形成气候治理国际合作共识。1992 年 6 月，在巴西里约热内卢举行的联合国环境与发展大会签署公约，全球气候治理国际合作由此进入承诺阶段。《联合国气候变化框架公约》的签署标志着全球气候治理国际合作承诺机制的达成。《公约》缔约方作出了许多旨在解决气候变化问题的承诺。每个缔约方都必须定期提交专项报告，其内容必须包含该缔约方的温室气体排放信息，并说明为实施《公约》所执行的计划及具体措施。作为《公约》的最高决策机构，缔约方会议自 1995 年 3 月在德国柏林首次举办后，每年举行一次，会议的宗旨在于讨论解决全球气候变化问题。在第 3 次、第 13 次、第 15 次和第 21 次会议上分别通过了《京都议定书》、确立"巴厘路线图"、通过《哥本哈根协议》和《巴黎协定》，用以督促各缔约国履行减排承诺，切实开展应对气候变化的行动。位于德国波恩的气候变化秘书处是联合国气候变化框架公约的秘书处，负责在政府间气候变化专门委员会（IPCC）的襄助下，通过会议和有关各项战略的讨论取得共识，支持《公约》的实施。此外，联合国环境规划署（UNEP）和世界气象组织（WMO）都是联合国的专门机构，旨在促进全球资源的合理利用并推动全球环境的可持续发展。这些专门机构的设立有效确保了《公约》的执行。

第二节　国际环境治理跨区域合作实践

国际上许多国家在环境治理跨区域合作上积累了丰富的经验，提供了可资借鉴的案例。本节主要介绍美国、巴西、欧洲和东北亚在环境治理中的政府间合作，进而总结值得我国借鉴的经验。

一、美国环境治理跨区域合作实践

（一）加州空气污染治理

美国加利福尼亚州经济发达，伴随经济快速发展而来的则是日益严峻的环境污染问题，其中空气污染最为突出。20世纪四五十年代，洛杉矶发生了光化学污染。面对如此严峻的问题，加州开展了大量的上下级政府间合作、区域间合作、政府间合作以及政府部门间的合作，并由简单的政府间沟通协商逐渐开始探索成立常设的专门管理、监督机构。1946年，美国第一个专门负责空气污染的控制区洛杉矶空气污染管理区成立。1950年，奥兰治县空气污染控制区成立。1957年，圣贝纳迪诺县和河边空气污染控制区成立。1971年，美国环保署（EPA）执行国家空气质量标准。1976年，在美国机会和州长的授权下，洛杉矶、奥兰治县、河边市和圣贝纳迪诺县共同成立了南海岸空气质量管理局（SCAQMD）。这四个区域是美国第二个人口城区，也是空气污染最严重的地区之一。1988年，加州正式签署空气清洁法案，明确制定了使加州满足联邦空气质量标准的方案，形成空气质量管理计划（AQMD），该方案1989年生效。计划通过控制固体污染源，研究开发低排放的燃料燃烧技术、新电信技术、代用燃料汽车等新技术，减少机动车废气排放、改善太阳能电池等三个阶段控制空气污染。通过综合规划、协调管理、技术进步、公共教育等切实改善加州的空气质量，取得了明显的效果。在加州治理空气污染的案例中，既有联邦政府和州政府的纵向合作关系，也有地方政府间、区域间和各政府部门之间的合作。合作的内容涉及法律、行政管理、财政等多个领域。

首先是联邦政府与加州的合作。以联邦清洁空气法案的修正为例，美国国会在 1970 年颁布了清洁空气法案，并于 1977 年修正该法案。修正后的法案赋予了各州一定的灵活性。根据南加州的空气质量管理办法，美国环保署（EPA）基于公众健康和联邦清洁空气法案制定空气质量标准，各州都必须严格按照这个标准来制定政策。州政府的空气污染治理方案需要在满足联邦政府制定的最低环保标准和整顿目标的前提下，根据自身的情况和特点，制定和执行适合区域需求的污染控制法案，进行一定的政策创新。与此同时，加州的地方实践也为联邦清洁空气法案的修正提供了借鉴。加州通过空气质量管理计划后，1990 年，美国国会又通过了联邦清洁空气法案修正案。加州空气污染治理实践影响了该修正案的相关规定。一方面，联邦的法案为州、地方的治理提供标准和指导；另一方面，地方的实践也对联邦法案产生一定影响，得到联邦的认可和支持。财政上，AQMD 的资金有 27% 来自联邦政府拨款、加州空气资源委员会（CARP）的补助和该州清洁空气法的机动车收费。联邦政府和地方政府之间形成了良性的互动、合作。

其次是地方政府间、区域间和各政府部门间的合作。南海岸空气质量管理区（SCAQMD）、南加州政府协会（SCAG）和加州空气资源委员会（ARB）联合起草了加州空气质量管理计划（AQMP）①。其中，南海岸空气质量管理区（SCAQMD）负责制定空气标准，由 3 个州政府代表 9 个县和部分城市代表组成委员会；南加州政府协会（SCAG）负责南加州的区域规划，负责整合城市之间土地使用、经济和环境方面的问题与需求，其成员由各县和市选举产生；加州空气资源委员会（ARB）负责制定机动车排放污染控制措施，由州长任命兼职成员。加州空气质量管理计划的制定包含了 3 个州政府、9 个县政府、城市政府之间以及政府各部门之间充分的合作，这极大地推动了加州空气质量治理政策的制定与实施。

（二）美国流域环境保护

美国的流域环境保护经历了 20 世纪 70 年代前的以区域管理为主的"分散合作治理"到联邦指导、各州执行"集权命令—控制"治理模式，再到 80 年代后"多元合作治理"三个阶段，形成了当前以州际河流协定和水质交易

① 蔡岚. 空气污染治理中的政府间关系——以美国加利福尼亚州为例 [J]. 中国行政管理，2013（10）：96 – 100.

为主的州际河流污染合作治理方式。美国科罗拉多流域的治理是跨区域合作的典型案例。科罗拉多河是美国西南部大河，发源于科罗拉多州的落基山脉，全长 2334 千米，流经怀俄明、科罗拉多、犹他、亚利桑那、内华达、新墨西哥及加利福尼亚 7 个州和 34 个印第安保留区，流域面积约 65 万平方千米，滋养 2500 万人口。科多拉多流域的水资源在各州之间的分布极不均衡，产生了很多水权纠纷。最初，流域内各区域通过科罗拉多河协定、博尔德峡谷项目法案等水资源分配协议来明确上游、下游或各州之间的水权。这些协议、协定通过各州政府的协商、合作制定。20 世纪 80 年代以前，签订以水权分配为主要内容的州际协定是各州合作治理水污染的主要方式。除此之外，各州成立了科罗拉多河 10 部落伙伴关系组织、上科罗拉多河委员会、格林峡调控管理委员会等协调管理机构，以加强跨区域政府之间的谈判、协商、信息沟通。在科罗拉多流域的治理工作中，联邦政府在对河流治理的司法审查方面发挥了其主导性。虽然科罗拉多河流经的各州是水污染治理的主要执行者，但联邦政府在协调下级政府之间的矛盾、制定并完善相关法律文件（如《联邦水污染控制法》）、审查各州制定的水质标准和实施方案等方面为水质改善作出了贡献。此外，水权交易、排污权交易、生态补偿、民营污水处理等市场协调机制对流域治理也产生了积极的影响。

位于美国东南部的田纳西流域的治理也是流域治理跨区域合作的典范，但呈现出了与科罗拉多河治理模式不同的特征。1933 年，联邦政府成立田纳西河流域管理局，对流域实行统一管理与开发。该流域的治理中，自上而下的科层机制发挥的作用更大。在美国的流域环境治理中，以联邦政府统一管理为主的科层机制、政府机构间的府际合作治理与市场机制协调治理等方式相互协调，共同推动了美国的流域环境治理。

二、巴西环境治理跨区域合作实践

巴西拥有丰富的森林资源和生物多样性。20 世纪 90 年代以前，由于森林资源的过度砍伐，巴西的生态环境严重恶化。为加强生态环境保护，巴西先后颁布《环境法》和《亚马逊地区生态保护法》。然而，严格的生态环境保护措施却阻碍了地方经济的发展，导致政府财政收入下降。基于生态环境保护和基本公共服务均等化考虑，巴西在已有财政体系的基础上建立了世界上第一个政府间生态转移支付机制——ICMS-E 机制。根据巴西联邦宪法，各州政府具有独立的征税立法和管理权力，各州政府应当将工业产品税收收入的 25% 转移支付给地市政府，其中的 75% 以税收返还的形式返还给地市政府，剩余的 25% 由州政府根据水资源状况、水土流失控制状况等因素进行分配①。具体而言，由于参考因素的差别，各州的生态补偿财政转移支付资金比例也不尽相同，但是在众多参考因素中，保护单位是各州生态转移支付机制的基础性指标。保护单位是某一行政区域内不同种类保护区面积乘以一定权重系数之后的加总面积。根据这一面积乘以相应的权重即为生态补偿指标。地市政府获得的财政转移支付资金总额即为该地区生态保护指标乘以州生态补偿财政转移支付资金的总和。生态补偿财政转移支付制度提高了各地生态环境保护的积极性，改善了保护区与邻近地区的关系，同时也提高了地市的财政能力，成为解决地市财政能力不足的主要途径。相关资金被广泛用于自然保护区建设、流域水环境保护等生态环境保护项目上，生态环境质量得到有效改善。在实施生态补偿财政转移支付制度之前，巴西各州通过立法手段详细规定了财政支付资金来源、资金分配计算方法等相关问题，明确了各级政府的法律责任，确保了生态补偿财政转移支付制度的公平与公正。

三、欧洲环境治理跨区域合作实践

（一）英国泰晤士河流域治理

英国泰晤士河是英国最大的一条河流，发源于英格兰西南部的科茨沃尔德希尔斯，河流全长 338 公里，流经伦敦与沿河 10 多个城市，流域面积 1.14 万平方公里。工业革命使英国飞速工业化、城市化的同时，给泰晤士河带来了严重的污染。从 20 世纪 60 年代开始，英国政府开始大力治理泰晤士河，进行了体制改革和科学管理。管理上，对泰晤士河实行统一管理，将整条河流分为 10 个区域，通过整合 200 多个独立的管理机构建立了泰晤士河水务管理局；技术上，建设完整的城市污水处理系统；法律上，完善相关法律，对排放到泰晤士河工业废水和生活污水做出了严格的规定，规定企业必须处理

---

① 刘强，彭晓春，周丽璇. 巴西生态补偿财政转移支付实践及启示 [J]. 地方财政研究，2010 (08)：76 - 79.

完污水使其达到一定标准才能排到泰晤士河，没有能力处理的企业可缴纳排污费，将废水排到水务管理局的污水处，除此之外还有检查、奖惩等措施。在对泰晤士河的治理中，英国打破了以行政区划为主的治理模式，成立专门的综合管理部门对整个流域进行统一、综合的管理，引导流域内各地方政府间开展合作。除此之外，进一步将原有的某些独立的部门合并为统一的管理机构，在技术、法规和经费建设等方面与流域内政府合作。统一的环境资源管理和地方政府间的合作使得英国泰晤士河水污染治理成效显著。

（二）欧盟气候治理实践

欧盟是有 28 个成员国的政治、经济共同体。它最早认识到气候保护的重要性，并开展了大量的协同治理，形成了具有鲜明欧盟特色的多层次环境治理体系。欧盟体系是多中心的，具有非等级性，欧盟与成员国之间并没有固定的政治隶属关系。里斯贝特·胡奇和加里·马克斯认为，欧盟已经发展成为一个"多层级政体"①。欧盟、国家、次国家三个层次的多样主体，相互独立又相互联系，通过持续不断的互动，形成了多层治理的复杂网络，自上而下、自下而上、跨层级或者同一层级不同主体间都能够在这个网络中进行互动。

欧盟的气候变化治理经历三个发展阶段。1990 年，欧洲理事会提出"确认欧洲应对气候变化行动目标"的倡议，标志着欧盟气候治理进入酝酿阶段。1992 年欧洲委员会提出碳/能源税一揽子方案却遭到各成员国的反对，提高效能和增加可再生能源份额成为气候治理政策的中心。20 世纪 90 年代，欧盟气候治理进入发展阶段，限制运输行业排放和制定税收政策（欧洲委员会 1997 年提出《调整共同体能源产品税的框架指令》于 2004 年 1 月 1 日生效）成为欧盟气候治理的新手段。同时，欧盟在提高能源效率和发展可再生能源方面持续努力。21 世纪，欧盟气候治理进入初步成熟阶段。为履行《京都协议》的减排责任，欧委会于 2000 年启动"欧盟气候变化计划"，对气候变化展开了综合积极治理。相继出台《温室气体排放限额交易指令》（2003）、《适应气候白皮书》（2009）、《哥本哈根气候变化综合协议》（2009）等文件，并进行技术创新，在减排、能源、运输、农业、税收和碳

① Hooghe L, Marks G. Delegation and pooling in international organizations [J]. Review of International Organizations, 2015, 10 (03): 305–328.

捕获与储存等多个领域同时发力进行气候治理、适应气候变化、进行技术创新，在气候变化的国际合作中成为表率和领导者。

在气候变化治理的议题上，制定欧盟气候政策的行为主体包括欧洲议会、欧盟委员会、欧洲法院、欧洲理事会、部长理事会、欧洲经济和社会委员会、欧盟地区委员会和欧盟各国的政府及政府部门。此外，各国的地方机构、利益集团、行业协会、社会团体、智库等主体也会通过各自的方式或途径对气候政策施加影响。欧盟环境治理的主要机构有欧盟委员会（提出关于环境的法律的议案）、欧盟理事会（针对欧盟委员会议案，制定法律发布指令）、欧洲议会（拥有与欧盟理事会同等立法权）、欧洲法院（环境争端仲裁）、欧洲环境署（为制定环境政策提供信息，向公众公开环境信息）。在议案提出阶段，欧盟的各种机构发挥了主导作用。各成员国和其他次国家的社会力量能够在环境政策的制定过程中充分讨论、博弈，积极参与到决策制定过程中。共同体决策方式、对环境问题的规制是欧盟环境领域的核心治理模式①。

四、东北亚环境治理跨区域合作实践

跨境空气污染、海洋污染、生物多样性丧失等问题使得东北亚地区在区域环境问题上面临严峻挑战。污染的严重性与环境治理的复杂性促使东北亚各国展开合作，共同应对跨界污染问题。在合作机制上，东北亚区域建立了中日韩三国环境部长会、东北亚次区域环境合作机制、东北亚环境合作会议三个综合性环境合作机制和东亚酸雨网、西北太平洋行动计划、沙尘暴项目三个针对特定环境问题的合作机制。在合作形式上，既有中日、中韩、韩日等双边合作形式，又有区域多边环境合作，还有非政府组织之间的合作。合作的项目涉及环境状况调查、生态环境修复、信息共享和信息网交流、生物多样性联合考察与监控等各个方面。与欧洲环境治理明显不同的是，东北亚区域的环境合作与治理并未形成具有约束力的区域环境协议，环境治理合作的达成主要是通过协商而非法律途径。

在东北亚环境合作中，中日合作无论是在广度上还是深度上都超越了中国与其他国家在环境治理方面的合作。1994年3月，两国签订《中日环境保

---

① 傅聪. 欧盟应对气候变化治理研究［D］. 北京：中国社会科学院研究生院，2010.

护合作协定》，双方同意在水污染防治、酸雨治理、城市环境改善等与环境保护和改善相关的项目上进行合作；1997 年两国启动"中日环境示范城市"和"环境信息网"项目；2001—2005 年，中日两国相继签署 30 个环境合作项目，协议金额 2914 亿元，占同期日本对华日元贷款总额的 44%①；2006—2010 年，援助金额有所下降，日本将援助重点转为专项技术合作与人才培养；2017 年 12 月，中日节能环保综合论坛在日本东京举行，双方在节能、环保、循环经济等领域签署 23 个合作项目，论坛自 2006 年第一届至今已举办 11 届，累计达成合作项目 337 个②，成为中日两国在节能环保领域合作的良好平台。

第三节　国际环境治理跨区域合作启示

近年来，我国已经开始探索和尝试环境治理跨区域合作。国务院 2015 年出台的《水污染防治行动计划》明确规定"加强部门协调联动，建立全国水污染防治工作协作机制，定期研究重大问题"，鼓励合作治理机制。然而，与地方政府横向合作已经非常成熟的国家和地区相比还存在很多差异。面对差异，我们可以总结、学习国际上环境治理跨区域合作的经验，利用后发优势，推动我国环境治理跨区域合作。

一、重视政府间的合作

环境污染的负外部性与环境治理的正外部性使得以行政区划为主的环境治理模式不能实现对污染的有效治理。对于跨区域环境污染问题，有必要打破行政区划的限制，将不同的主体集合成具有共同目标的统一体，将分散的环境治理行为融入一个有机的整体。纵观环境治理跨区域合作国际经验，不难看出，合作是当今环境治理的重要主题。不同国家虽然面临不同的环境问题，但在处理跨区域环境问题时都十分重视政府间的合作。在合作的过程中，

---

① 刘昌黎. 中日环境合作的现状、问题与对策［J］. 日本研究，2012（03）：3 – 9.
② 吕少威. 第十一届中日节能环保综合论坛在日本东京举行［EB/OL］.（2017 – 12 – 24）［2018 – 05 – 24］. http：//www.chinanews.com/gn/2017/12 – 24/8408043.shtml.

国家之间、政府之间以及政府各部门之间通过定期举行协商会议、签订合作协议、参与专项整治、协调行为等方式，形成了区域之间协调统一的政府合作关系。这种关系将各地区分散的治理行为有机地统一起来，有效缓解了行政区划分割性与区域生态环境整体性之间的矛盾。面对全球气候问题，联合国相继召开了一系列以气候变化为重点的政府间会议。经过激烈的协商谈判，各缔约国最终通过了《联合国气候变化框架公约》（以下简称《公约》）。《公约》对发达国家和发展中国家提出"共同但有区别的责任"，以减少温室气体的排放。除此之外，欧盟、东盟、东北亚等地区也都针对具体的环境问题展开国际合作。

二、拥有充足的财政保障

在环境治理的跨区域合作中，财政是无法回避的基础问题。一方面，环境治理工作需要大量的财政支持，必须保证充裕的资金来源，才能将治理政策、措施贯彻下去，实现环境治理项目的建设、环境治理先进技术的开发与推广；另一方面，财政也是推动环境治理工作的有效调节力量。在保证资金来源方面，每个国家或地区"各显神通"。例如，为了支持碳捕获与储存技术，欧委会一方面在欧盟建立法律框架《二氧化碳地质存储指令》，一方面建构了由10—12个欧洲国家的示范项目组成的网络——化石燃料零排放技术平台。碳捕获与储存示范网络需要大量的资金投入。欧盟采取了由成员国和私人部门共同投资的方式来保证资金来源。在利用财政的力量推动环境治理工作方面，国际上也有很多充满创意的政策值得我们学习。例如，将税收同环境保护的工作结合起来，对各区域政府来说，环境治理工作越好，其税收收入则越高；对于企业或个人来说，在环境治理工作中发挥积极作用，就可以得到相应的税收减免。美国早在20世纪80年代就开始用税收作为环保的重要手段。欧盟制定的税收政策则是通过税收鼓励社会提高能源使用效率，减少碳排放。2003年通过《调整能源产品和电力征税的框架指令》对各成员国已有的能源消费税进行整合。2005年，欧委会提出《客车税指令》，旨在减少客车二氧化碳排放。再者，水权交易、排污权的有偿使用和交易等市场化规制政策已经被很多国家或地区成熟使用。美国1977年通过《空气清洁法》，以期控制二氧化硫的排放，实施限额交易，是对排放交易制度最早的实践。在实际操作过程中，各方面的财政政策往往是相互配合、相互补充的。美国一方面支持各州的污染治理项目，另一方面也会向企业提供经济激励。除了以上提到的项目资金、税收、市场规制等政策外，环保贷款、无偿资助、罚款等方面财政措施也都被灵活运用到环境治理跨区域合作的工作中。根据奖优罚劣的原则，财政政策能够激励不同主体采用环境友好的做法，主动参与到环境治理工作中。

三、建立权威的协调机构

由于横向的地方政府间并不存在隶属关系，这就容易导致相关主体在应对区域公共事务时缺乏合作的动力，因此，需要建立实施具体合作事宜的组织载体。环境问题本身的复杂性与综合性也凸显了构建权威环境治理协调机构的重要性。美国重视政府及政府部门间的协调配合，建立了协同高效的环境治理结构体系。环境质量委员会（OEQ）根据美国《国家环境政策法》（1969）创建，是美国环境质量的咨询机构，也是推动美国环境质量评估的重要力量。OEQ 与美国环保署同属白宫总统行政办公室，负责提供有关环境政策的信息和资讯。根据《国家环境政策法》的规定，OEQ 每年都需要进行生态系统和环境质量调查，向总统提交"环境质量报告"；通过审阅和评估联邦各单位的计划与活动实现其监督功能；此外，OEQ 还负责协调联邦行政机关之间的环境政策和法规冲突。独立性与法定性是 OEQ 有效发挥其职能的重要保障。区域性的跨行政区环境管理协调机构由国家管理机构授权，具有权力的权威性，能够有效打破环境治理中的行政分割，解决跨区域合作中出现的各种问题、矛盾以及冲突。

四、具备完善的法律制度

各国环境治理工作成熟的过程还伴随着法律规范的完善。环境治理跨区域合作中方方面面的问题必须要有法律依据。通过法律，可以明确机构设置，相关行为主体的法律地位、职责、权力及相互关系，环境政策决策程序，资源分配，资金保障，监督程序，争端解决机制等，为跨区域合作提供法律基础，使环境治理跨区域合作有法可依。例如，美国《国家环境政策法》明确了环境保护目标、国家环境政策的法律地位、环境影响评价制度，建立了环境质量委员会，规定了联邦政府的宗旨，以及主导部门和协作部门的关系。此外，美国还通过公害防止补偿协议、水流域契约等契约模式治理环境。完善的法律制度强化了跨区域合作组织对其成员的影响力和约束力，从而推动区域规划的实施。目前，我国环境治理中的政府协调很少以法规或规章的形式来确定，各主体间的合作缺乏法律效力和稳定性，制度化程度低。因此，有必要完善区域间合作的法律法规，确保环境治理跨区域合作政策的科学性和公正性。

五、借助先进的技术支持

环境治理必须要借助科技的力量。美国环保局每年都有 65 亿—80 亿美元的资金预算用于"环境保护的基础设施投资、环境技术的研发项目与信贷投资"①。从美国、欧盟等国家的治理经验来看，环保技术的进步可以优化产业结构，提高能效、减少能耗，实现科学管理，加强环境治理的效果。具体可以分为三个方面：一是从源头上釜底抽薪，控制人类对环境的危害。能源技术的创新是一个重要的领域。一般来说，针对人类已经成熟使用的能源，要进行资源深加工，提高能源利用的效率，降低能耗，如倡导废物利用、发展循环经济等。此外，还要积极开发可再生能源（如风能、太阳能、生物燃料等清洁能源）。另外，针对环境污染的重灾区工业污染，要大力发展、推广控制排污的技术，将工业生态改造成环境友好型。例如，德国针对空气污染，制定了"大型燃烧设备规定"和"空气净化技术指南"。二是污染清除与恢复、生态系统的恢复。三是管理决策信息技术。以上两类技术是直接作用于环境的。管理决策信息技术不直接作用于环境，但仍有重要功能。例如，通过大数据技术等可以建设一个融合信息共享、项目管理、环境监测、环境评估、环境预警等多种功能于一体的信息系统，为跨区域合作提供一个信息平台，为环境治理决策提供信息基础，为人类更好地应对环境变化提供方向。

---

① 姜仁良，李晋威，王瀛. 美国、德国、日本加强生态环境治理的主要做法及启示 [J]. 城市，2012（03）：71–74.

第七章　环境治理跨区域财政合作机制构建

第一节　总体原则与功能定位

环境治理的合作是公共性的集体行动，为形成地方政府间在区域环境治理中"共商、共建、共治、共享"的格局，有必要建立稳定持久的规则体系和理性规范，构建结构化、制度化、规范化的治理机制。本节重点讨论了环境治理跨区域财政合作机制构建的总体原则和功能定位。

一、总体原则

（一）生态优先原则

生态环境与资源系统是经济发展和人类生存的承载空间，也是可持续发展的物质补给源泉。然而，我国长期以来以经济效益为中心的发展模式严重损害了环境效益，因此，有必要从整体性视角出发，在经济和社会发展中重视生态环境建设与资源合理利用，划定经济行为的生态边界，形成生态优先的价值理念。所谓生态优先是指在经济发展和生态建设对资源和环境的需求与竞争过程中，保障良好生态效益的优先地位，以保护公共利益、履行社会责任为核心，促使经济发展与生态环境相协调，维护基本的发展空间。生态优先原则的落脚点在于发展，是对可持续发展理念的继承与提升。然而，坚持生态优先原则并不意味着禁止发展、完全保护，其基本要求在于立足区域资源环境约束条件的差异而实现精准发展，使经济社会发展水平与资源环境承载力相协调①。地方政府在环境治理跨区域财政合作中，也应注重生态环境建设与资源合理利用在经济社会发展中的优先地位，将资源承载能力、生态环境容量作为经济发展的重要依据，坚持绿色发展、循环发展，建立区域生态环境预警系统，建立生态价值优先理念主导下的绿色法治体系，更加注重长远利益和整体利益，以最少的资源消耗支撑经济社会持续发展，通过融合化发展实现生态保护和经济发展的双赢。

（二）环境公平原则

在我国现实发展中，欠发达地区承担了主要的环境污染后果，经济利益的不公平导致环境利益的不公平，环境不公平与环境损耗之间的恶性循环又带来严峻的生态环境危机。因此，为实现社会和谐与可持续发展，有必要推动环境公平。所谓环境公平，是指环境治理的决策和执行过程中，所有主体享有同等的权利，负有同等的义务，其本质在于要求所有人都拥有健康的环境，公平地分享地球资源。这一原则有两层含义：一是代际公平，指当代人和后代人在利用自然资源、谋求生存与发展上权利均等，当代人的发展与消费不能以牺牲后代人的发展能力为代价；二是代内公平，指同一代不同发展空间的主体之间不因国籍、种族、经济发展水平等方面的差异，在资源利用和环境保护方面享受不平等待遇，即不同发展空间的主体间从成本效益的角度实现资源利用和环境保护两者的公平分配和负担。以政府为主的环境治理主体在环境治理过程中的公平是实现环境公平的关键。为此，有必要建立层级明确而又互动的治理体系，明确各主体的权责范围，推动环境治理公平，实现区域内利益共赢。

（三）共同但有区别原则

1992 年，联合国环境与发展大会基于地球生态系统的整体性与关联性提出"共同但有区别"原则，要求世界各国"在公平的基础上，根据共同但有区别的责任和各自的能力，为人类当代和后代的利益保护气候系统"。这一原则同样适用于我国环境治理跨区域合作。其中，所谓共同责任是指在区域环境治理中，各地方政府无论经济发展状况的好坏，都负有共同的责任，都

---

① 庄贵阳，薄凡. 生态优先绿色发展的理论内涵和实现机制［J］. 城市与环境研究，2017 （01）：12－24.

有义务也有权利参加到区域环境保护事业中，在保护和改善区域生态环境方面承担义务，对由于本辖区内企业或者个人的活动给其他区域造成的环境损害承担责任；有区别的责任则是指经济发展水平不同的地区根据其经济发展状况承担有差异的责任，包括责任的大小、多少、时限等方面。在我国生态文明建设中，经济发展水平的不平衡使得地区间环境治理财政支付能力也不平衡，因此，对于区域环境问题，可以采取"共同但有区别"原则，促使区域各地方政府承担其环境责任，实现风险共担、利益共享。

二、功能定位

环境治理跨区域财政合作在功能定位上应当弥补市场生态"失灵"，通过组织、机制和技术等协调体系打破行政区划壁垒，通过生态补偿横向转移支付拉近地区间差距，实现共同发展和真正意义上的公共服务均等化。一方面，生态环境治理的正外部性往往容易引发生态受益者的"搭便车"行为，进而导致"谁受益、谁补偿"的市场分配定律失灵。对此，通过地方政府间的财政合作，能够有效促进生态保护者和受益者之间的平衡，消除"搭便车"现象，实现互利共赢。另一方面，由于经济发展水平的不同，地区间财政能力也不均衡，基于生态补偿的财政横向转移支付能够有效减弱经济发展过程中带来的地区间发展差距，弥补纵向转移支付在领域和资金方面的不足。

第二节　培育合作理念

相似的价值观是顺利沟通的前提，也是和谐关系建立的基础。对于地方政府而言，要实现环境治理跨区域财政合作，合作理念的培育不容忽视。为此，中央政府应当积极引导地方政府转变竞争观念，在寻求共容利益的基础上激发各方合作的积极性，与此同时，增加府际合作资本，提高区域环境治理效率。

一、转变竞争观念

分割型环境管理体制与环境治理外部性之间的矛盾迫切需要地方政府间

打破行政区划的壁垒，积极开展合作，实现各方的共赢。由此，在维持现有行政区划不变的前提下，转变竞争观念，由对抗性竞争转变为合作性竞争是实现地方政府间环境治理跨区域合作的关键所在。这种观念的转变不仅需要依靠地方政府的自觉，还需要有关部门的统筹。一方面，地方政府间应当在环境治理跨区域合作中充分认识到通过合作增进各自利益的必要性。在统一发展思路的基础上，通过完善的综合治理规划，实现经济发展与环境保护目标的统一，实现"1＋1＞2"的长远利益。另一方面，各地方政府间应当围绕区域环境治理这一主题，以基本公共服务均等化为目标，在共同理解、共享知识的基础上建立战略合作文化。所谓战略合作文化，是指一定区域范围内的行为主体在一定经济文化背景下发展起来的，彼此间相互信任、相互团结、相互依存的价值理念。这一文化是维持地区间合作组织凝聚力的重要因素，是构建地方政府间合作治理关系的重要纽带，还可以作为非正式规则的隐性协议减少正式规则的不确定性。通过战略合作文化的建立，打破行政区划的刚性束缚，在互惠价值基础上促使各地方政府间树立"利益共同体"理念，使地方政府间相互依赖，彼此合作，将合作治理环境污染和联合管理区域性污染"外部效应"作为共同诉求，推动地方政府间合作向纵深发展。

二、增进环境治理跨区域合作共容利益

地方政府对区域共同利益的高度认同是地方政府合作行动展开的基础，也使得环境治理跨区域财政合作变得必然和可能。所谓共容利益，是指"理性的个人或某个拥有相当凝聚力和纪律的组织能够获得某社会产出增长额中相当大的部分，并且会因该社会产出的减少遭受极大的损失，则该个人或组织在这种社会中便有一种共容利益"①。共容利益的存在能够刺激、诱使或迫使相关主体关心社会产出的长期稳定增长。然而，由于个人或组织的自利属性，只有当合作利益有益于所有参与者时，程序理性才有可能确定下来，促使参与者围绕特定的目标展开合作。地方政府间财政的共容利益，不仅包括经济层面的问题，更包括诸如环境污染等社会层面的问题。以流域水污染治理为例，流域水环境具有生态系统的完整性、跨区域性和使用的多元特征，

---

① （美）曼瑟·奥尔森. 权利与繁荣［M］. 苏长和，译. 上海：上海人民出版社，2005.

生态系统的关联机制使得流域内水资源的任何一部分受到污染，都可能影响整个流域的生态环境。当上游采取措施治理污染改善流域水环境时，对下游地区而言具有正的外部性，而下游地区享受这种生态利益是免费的，从而产生"搭便车"的现象；当上游地区为了经济的发展过度开发使用水资源时，极易造成资源的污染与过度使用，从而对下游地区产生负的外部性。这种偏好导致整个流域系统偏离了最优状态，导致流域水资源消费负外部性问题越发尖锐，水资源恶化问题日益突出。上下游、左右岸地方政府间短期利益与长期利益的博弈，使得地方政府间逐渐认识到跨区域合作的必要性，产生负外部性协调治理的强烈愿望。在流域水污染治理中，上下游、左右岸地方政府间存在共容利益基础。这种客观存在的共容利益是地方政府合作的前提和基础。因此，在环境治理跨区域财政合作中，有必要打破地区间分割治理的现状，促使合作各参与方树立区域整体协调发展的理念，围绕生态环境的持续改善开展合作。

三、增强府际社会资本

"当一个社群积存足够的社会资本，那么他们将比缺少社会资本的社群更加容易达成目标。"① 所谓社会资本，是指社会组织的特征，例如信任、互惠与交换、共同准则与规则、网络与组织，它们能够通过合作行为来提高社会的效率。信任是社会资本的核心要素，各主体之间彼此信任的存在能使各方对未来有一个明确的预期，在共同价值观念的基础上相互认同，从而达成互惠合作，减少交易成本。社会资本下的互惠规范是对各主体相互行为的约束，不仅明确了正确的行动，而且伴以各种赏罚措施，意味着各相关主体在各个方面都有章可循、有规则可依，使得各相关主体在追求自身利益的同时不以牺牲他人的利益为代价，从整体利益角度出发行事。此外，良好的关系网络资本意味着沟通机制的畅通以及各参与方的高度信任，使得各相关主体的集体行动成为可能。在环境治理中，社会资本可以通过共享信息、协调行动和集体决策三种机制影响到环境治理行为的交易成本，进而决定环境治理

---

① PUTNAM R D. The prosperous community：social capital and public life ［J］．American Prospect，1993（13）：35－42.

集体行动的成败①。共享信息方面，在环境治理过程中，环境集体行动能否有效实施和成功完成，很大程度上取决于信息的丰裕程度和对称程度。决策信息的不完善与不对称降低了集体行动的可能性。协调行动方面，信任关系、互惠规范等非制度化因素的存在能够有效克服集体行动的困难，协调各参与主体的利益关系，限制合作中的机会主义行为，实现各主体间的良性互动。集体决策方面，环境治理集体行动是一个不断集体决策的过程，也是各参与主体意见达成一致的过程，信任、规范和网络等社会资本能够有效消除各参与主体间的对抗性竞争，培育在信任基础上的伙伴关系，保障合作的稳定性与持续性。结合前文的分析，各地方政府间对环境治理跨区域合作收益认知的差异使得各相关主体之间的信任不充分，直接影响了合作的广度与深度。因此，有必要增强府际社会资本，促使各地方政府间在相互认同的基础上建立稳定的合作伙伴关系。

第三节　推进环境治理地方政府间协商合作

环境治理地方政府间行政协同是跨区域财政合作机制建立的前提与基础。因此，有必要通过适当的制度安排消除合作中的不确定因素，构建环境治理跨区域财政合作的制度基础，维系合作的长久运行。具体而言，应当从构建整体性组织系统、促进环境治理地方政府间利益平衡、完善相关法律法规、健全政府考核体系、建立健全一体化生态问责机制五方面努力。

一、构建整体性组织系统

跨区域环境污染问题涉及范围广、复杂程度高，而条块分割的环境管理体系更加重了"部门化""地区化"等碎片化问题，统一性与规范性的缺乏导致地方政府间的行为选择缺乏强有力的规范与约束。因此，有必要构建整体性组织系统，为合作的达成奠定基础。

---

① 祁毓，卢洪友，吕翅怡. 社会资本、制度环境与环境治理绩效——来自中国地级及以上城市的经验证据 [J]. 中国人口·资源与环境，2015, 25 (12)：45-52.

（一）加强信任建设，形成合作型信任组织

信任是合作的起点，可以使地方政府间相互理解、相互尊重，生成共同行动的合作行为；使地方政府间实现优势互补、资源共享、风险共担和利益共享；减少治理成本、提升治理收益；消减不同利益主体在合作中的摩擦与冲突，形成各相关主体间横向合作和互惠关系的纽带。加强信任建设，形成合作型信任组织，可以从三方面着手：一是以利益共享谋信任。地方政府间可以通过利益互补、让渡与共享来形成"利益共同体"。一方面通过合作契约明确规定合作的收益与分配；另一方面在合作进程中对风险压力较大者和承受能力较弱者进行合理补偿。二是加强沟通交流，建立过程性信任产生机制。完善地方政府间正式与非正式沟通渠道，通过定期会议、产学研合作等方式增进各相关主体间的沟通交流，促进彼此间信任水平的提升。三是建立以合作法律为基础的制度信任保障。通过法律规范形成触动机制，惩罚欺骗行为，激励互信的合作行为。

（二）共建信息平台，完善信息共享机制

信息资源的沟通交流是各相关主体达成共识和协调行动的必要条件，其公开性与透明度决定合作者彼此对对方行为结果的预期，信息的共享与对称能够提高环境集体行动的可能性，制约机会主义行为。因此，有必要加强信息平台建设，完善信息共享机制，打破地方政府间信息相互封锁与分割局面，促使区域环境治理各相关主体间形成透明、公正的信息享有氛围。首先是要建立环境信息共享平台的共建制度。各地方政府间通过统一的交流和共建规范对信息加以整合，建立数据开放与数据安全的整体性框架，充分利用网络技术与信息技术，使得区域信息动态化、可视化。其次，完善信息共享。一方面要确保信息的公开性，实现不同部门、组织、主体之间环境信息的交换监控与共享发布，实现各主体之间的信息资源互补、无缝隙连接；另一方面要确保信息的透明度，打破跨区域信息壁垒，提高环境信息共享的服务意识，各相关主体应当提供详细、全面、真实的信息资源，以确保合作的成效性。最后，建立第三方信息评估制度，确保合作信息的真实性与有效性。

（三）创立多层次的协调组织系统，实现管理组织创新

权威性与协作方式是区域协调机构能否打破传统行政区划和环境治理阻

碍的关键，也是其高效运行的关键。具有权威性的高级别协调组织能够将区域内地方政府协调统一起来，实现对区域环境问题的有效治理和监管；联合、规划、专项合作等协作方式则促使地方政府间更加关注区域整体利益。从国家层面来看，中央可以设立跨区域的省市协调管理机构，赋予其与权威性相匹配的职能权力和资源，明确跨界环境交叉执法机制。具体功能设定上，区域协调管理机构主要负责监督跨域治理规划发展的具体实施情况，拟定区域性环境管理的法律规章和制度，协调不同地方政府间的利益冲突，统一管理专门的区域发展资金，处理重大跨界污染纠纷等。从省际层面来看，可以在现有联席会议的基础上，根据不同职能划分不同的小组，例如信息沟通机构、纠纷解决机构、联合规划机构、监督保障机构等，建立多层次的组织协调机制，负责区域环境治理的各项事宜。

二、促进环境治理地方政府间利益平衡

在区域环境治理中，利益是运行的核心，利益关系是政府之间关系的真正内涵[1]，利益的实现是地方政府间合作的原动力。然而，利益冲突和利益格局的结构性失衡仍然是当前区域环境治理跨区域合作面临的突出问题。利益平衡问题对于环境合作治理能否实现起着至关重要的作用。所谓利益平衡，是指"地方政府间通过利益表达、利益协调、利益补偿等手段，通过竞争、回避、体谅、合作、妥协等方式实现契约制度化下的利益协调"[2]。地方政府间环境合作治理的利益平衡主要包含地区间经济利益与环境利益的平衡、环境效益贡献地区与受益地区的利益平衡。为实现区域环境治理地方政府间利益平衡，可以从以下三方面努力：

（一）完善利益表达机制

完善的利益表达机制能够为合作利益博弈与整合提供公正的条件和环境。在环境治理政府间合作中，通过平等的交流对话表达利益需求，根据合理有效的利益平衡机制最大可能地合理安排利益层次是实现各地政府、各利益主

---

① 谢庆奎. 中国政府的府际关系研究 [J]. 北京大学学报（哲学社会科学版），2000（01）：26 – 34.

② 楼宗元. 京津冀雾霾治理的府际合作研究 [D]. 武汉：华中科技大学，2015.

体的利益动机需求表达的关键。完善利益表达机制的重点在于建立制度化的利益表达渠道，维持表达信息的畅通功能。

（二）构建利益协调机制

共同的利益是环境治理跨区域财政合作的前提与基础。随着区域一体化进程的加快推进，地方政府间对合作利益协调的要求也呈现出多样性、复杂性的局面。因此，有必要构建制度化的利益协调机制，将各种矛盾和冲突维持在合理规程内，促进地方政府间合作的良性发展。具体而言，地方政府间的利益协调受到多种因素的影响，根据运行原理，可以分为由外而内的被动式协调、由内而外的主动式协调和内外联动的网络协调三种①（见图 7 - 1）。在地方政府间利益协调过程中，基于利益共识的协调意愿是合作的起点和动力目标，基于资源和要素禀赋的地方政府利益补偿是合作的核心和关键环节，基于制度和文化的利益约束是协调实现的重要保障。由此，以利益共享为目标的合作动力机制，以利益补偿为核心的合作运行机制，以利益约束为重点的合作保障机制共同构成了利益协调的过程和状态，构成了地方政府间的利益协调机制。

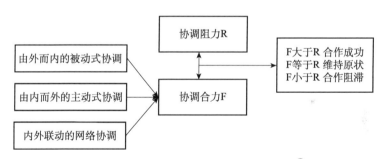

图 7 - 1 地方政府间合作的利益协调模式②

---

① 经济一体化发展趋势、国家的政策导向、区域外部其他地方政府的竞争压力等构成了地方政府间合作由外而内的压力；行政区域内部官员政治升迁、公民的公共服务需求、生态环境可持续发展要求等利益追求构成地方政府间进行利益协调的由内而外的动力；除此之外，地方保护主义、政府绩效评估机制等因素是地方政府间合作的反向作用力。由此，内外联动形成网络化协调是地方政府间利益协调的最有效方式。

② 谷松．区域合作中的地方府际间利益解读及协调对策［J］．廊坊师范学院学报（社会科学版），2012，28（06）：88 - 91.

（三）健全利益补偿机制

利益补偿是缓解地区间资源分配不均衡状况、协调地区间环境治理目标与利益冲突、确保生态保护可持续化的一项重要制度设计，也是实现环境治理跨区域财政合作、推动合作的有效实施与稳定运行的重要手段。健全利益补偿机制，一是要不断提升生态补偿意识。加强生态补偿宣传教育，使"谁保护谁受偿、谁受益谁补偿"的意识深入人心，提高地方政府对生态补偿制度的重视，监督考核各地生态补偿制度落实情况。二是科学界定生态补偿主体与补偿标准。在生态补偿行为关系中，生态环境的受益者为补偿主体，生态环境的保护者为补偿接受主体。补偿主体的清晰界定是生态补偿得以开展的前提，而生态补偿标准的量化则是生态补偿机制确立的重中之重。结合前文的分析可以看出，我国目前并没有形成统一规范的标准，现有核算方法的多样性也导致同一案例生态补偿数额的差异。前文基于排污权交易和成本法分别测算了长江流域和京津冀地区生态补偿额度，为地区间生态补偿横向转移支付提供了参考。然而，在实际操作过程中，由于地理要素、生态区位、经济发展状况等各种因素的差别，生态补偿标准的确定还需要结合不同地区的实际情况，经过各方参与主体的沟通协商达成共识。三是建立由中央和地方共同参与和责任分担机制。中央层面成立部际协调机构，加强对省际横向生态补偿工作的指导、协调和监督。省际层面，健全横向生态补偿机制，地方政府间通过对补偿范围、补偿标准、补偿方式和监管方式的协商，制定各方认可的补偿方案。四是要充分发挥市场机制在生态环境保护领域的作用。引导市场自发形成价格调整和监管协调机制，探索建立碳排放权交易制度，健全交易监测、核查制度，通过有序竞争的市场机制实现合理的生态补偿。推动经济环境补偿标准的科学化、规范化，建立符合市场规则的补偿长效机制。五是探索多样化的生态补偿模式。在区域环境治理生态补偿机制中实行多元化、多渠道的生态补偿方式与措施，形成治理主体间在项目、技术、人才等方面的协调联动，由"输血式"补偿变为"造血式"补偿，形成各相关治理主体间综合管理、共同保护的格局。

三、完善相关法律法规

完整的法律体系和统一的环境标准不仅能够有效避免由行政权力冲突引

起的环境管理上的不连贯，而且能够保障统一环保政策的有效实施。地方政府间的环境合作需要建立具有针对性、操作性和创新性的法律体系，以此减少合作中的交易成本，形成有约束力的合作机制。具体而言，可以从三方面加以完善：

（一）制定合理的法律条文规范政府合作行为

地方政府间合作协调发展需要完善的法治保障和稳定的法治环境。然而，我国现行的法律只规定了地方政府对于所辖区内公共事务的管辖权，并没有涉及横向地方政府间合作的规定。立法的不完善导致地方政府间合作的权限不清晰，合作过程中遇到的纠纷和困难难以协调，合作风险增大，缺乏制度化的保障。因此，有必要制定合理的法律条文规范政府合作行为。一方面，在现有的法律规范条文中增加有关政府合作发展和规划的条款，增强各环境治理主体责任意识的内涵，明确划分地方政府的权责界限，规定损害区域共同利益、违反协议等行为的法律后果，逐步取消涉及行政垄断和地方保护主义的各类条文。另一方面，制定专门的应急法律解决合作过程中的突发性公共危机事件，明确各地方政府在处理应急事件中的职责和权限，避免地方政府间相互推诿，对于不作为、消极配合、延误时机的地方政府追求其相关责任。

（二）明确规定地方政府的环保责任

现行的环境管理法规只规定了地方政府必须监督本辖区内的企业行为以及对企业违法行为的惩罚措施，并未涉及地方政府在环境保护中的职责，对于地方政府在环保工作中的"不作为"行为也未规定其法律责任，从而导致地方政府在环境治理中的缺位。因此，有必要建立环境保护和治理责任制度，强化地方政府的环保责任，健全环境问题追责机制，督促地方政府重视区域内生态环境的维护。

（三）完善区域环境污染治理的法律体系

以现有法律法规为基础，制定完善的具有可操作性的区域污染防治法，统一区域环境标准、地方性法规和单行法。具体而言，地方政府间在立法时应降低与国家法律之间的重复性，清理现行法律法规中与加快推进生态文明建设不相适应的内容，同时借鉴其他地方相关法律条文，制定统一的区域环境标准，加强法律法规之间的衔接，避免地区间在环境保护立法方面产生冲突。

四、健全政府考核体系

制度的有效运行离不开相关的激励与考核评价。科学的考核体系能够促使地方政府对区域环境治理规则的有效执行，推动政府生态保护职能的履行。

（一）建立绿色国民经济核算体系

将资源消耗、环境损害、经济效益纳入经济社会发展评价体系，在现有国民经济核算体系中，扣除经济活动中的自然资源消耗成本和环境损害成本，以真实反映我国经济建设所创造的实际产值。具体而言，应当继续加强国家环境经济核算方法体系的理论构架，加快制定科学合理的核算体系框架，建立绿色核算工作平台，改革现行的环境资源统计制度，同时加强对地方各核算部门的监督，确保核算数据的真实性、可靠性。此外，可以充分利用国际合作平台，推动我国绿色国民经济核算探索。

（二）将环境绩效评估纳入地方政绩考核

一是要加快构建环境绩效评估体系。按照相关性、透明性、数据可得性、公平性和数据质量原则建立环境绩效评估指标体系[1]，识别环境后果与预定环境目标之间的差距，促进环境管理工作转型升级。二是逐步建立统一规范的环境绩效评价考核体系。将环境质量的改变以及生态保护工作的成效作为领导干部考核的重要内容，把资源消耗、环境损害、生态效益等指标纳入经济社会发展综合评价体系，推进建立体现科学发展观的政绩考评体系，激发各级地方政府保护生态环境的内在积极性，形成自上而下的激励与约束机制。三是完善环境绩效评估内容及配套支撑能力。增加对生态保护、环境质量和环境风险的评价，提高政府部门的环境监管能力。四是严格执行环境保护责任追究制度。完善现有的问责制度，严格追究在经济建设中牺牲环境利益、

---

① 曹颖，曹东. 中国环境绩效评估指标体系和评估方法研究［J］. 环境保护，2008（14）：36－38.

破坏生态环境的地方政府官员的责任，对于地方政府的日常环境表现建立长效的约束机制。

五、建立健全一体化生态问责机制

区域性环境问题的外部性、跨域性和整体性特征模糊了地方政府的权力范围和责任边界，促使地方政府在区域治理上进行合作。然而，行政体制上的条块分割导致地方政府在区域环境治理合作中权力分散、责任分割，进而导致地方政府在环境治理实践中各自为政，治理责任的模糊导致治理秩序混乱。对此，有必要建立一体化的生态问责机制，建立领导干部任期生态文明建设责任制，促使地方政府共同承担区域环境治理责任，防止在单方问责时，各方推脱责任。

（一）重视生态问责的法制化建设

当前我国的生态问责制度多为事后问责，对于政府绩效考核缺乏相关的法律保障和相对统一的标准，从而使得生态问责制度缺乏运行的基础和保障，成为临时化解矛盾冲突的应急机制。对此，应当强化法律机制建设，全面准确界定地方政府生态责任，明确问责标准、问责程序、问责方式与问责结果，实现地区间问责规范的统一，确保各项规章制度有法可依、依法进行。

（二）完善问责制度设计

一体化生态问责要求多元问责主体整合问责资源、共享环境信息，实现纵向互通和横向互联，实现问责行动联动性[①]。因此，在制度设计方面要注意中央和地方以及地方政府间在生态环境保护法律法规和政策方面的统一性，注意问责制度体系各个部分之间的有效组合，整合地方政府间信息、人力、物力、财力等各种问责资源，确保问责主体间的统一性和协调性，形成问责合力。

（三）强化问责激励机制建设

建立与区域环境治理目标相匹配的问责激励机制。一方面，运用政策手

---

① 乔花云，司林波，彭建交，等．京津冀生态环境协同治理模式研究——基于共生理论的视角 [J]．生态经济（中文版），2017，33（06）：151 - 156.

段鼓励和支持地方政府在区域环境治理中的合作行为，实现区域环境治理地方政府间合作的常态化；另一方面，强化地方政府主要负责人的责任追究机制，将政府领导责任追究制度与其晋升制度相挂钩，把政府领导履行环境保护责任的业绩作为其晋升的重要依据，提升官员的积极性，对失责行为强化责任追究，提升治理绩效。

第四节　深化环境治理跨区域财政合作运行机制

由于行政区划、环境管理体制、财政供给以及利益共享机制等方面因素的影响，我国环境治理跨区域合作仍处于行政合作阶段，尚未形成制度化的财政合作机制。由此，可以通过加强区域财政合作预算体系、协调区域财政合作收支、完善环境保护财政转移支付体系实现区域生态环境财政资金的整合，实现区域优势互补；通过有效的监督约束机制和多元主体合作机制弥补跨区域财政合作的制度真空，确保合作的长期性与稳定性。

一、加强区域财政合作预算体系建设

（一）建立健全地方财政间联合预算机制

财政预算制度是影响环境治理财政合作的关键性因素。为有效提高跨区域财政合作的效率，实现地方政府间财政合作的制度化，有必要建立健全地方财政间联合预算机制。一方面，根据区域环境治理的目标完善区域财政预算制度，将环境财政纳入公共预算体系，保证环保支出的额度，强化政府的环境保护职能。另一方面，各地方政府间可以通过协商交流在年度预算编制中增设区域环境治理财政合作部分的预算内容，归并设置政府环境保护财政资金，提高财政资金的筹集和分配效率。

（二）建立规划、政策与预算的匹配机制

注重地方政府间区域规划、政策与预算的有效联结，使现行的年度预算与地方政府间区域环境治理方面的中长期规划和政策重点安排相互匹配。一

方面，在制定相关政策和规划时充分考虑预算的支撑能力，避免某些政策和规划的实施缺乏财政资金的支持；另一方面，在预算资金分配过程中增加中期财政规划，确保财政政策的稳定性。

（三）增强财政支出绩效评价

增加对财政预算资金的追踪问效，完善财政支出绩效评价指标，改进绩效评价方法，保证财政预算资金使用到位、有效。与此同时，注重地方政府财政支出绩效与环境治理跨区域合作相关政策绩效的有效结合，保证财政支出绩效的稳定性，提高财政资金的使用效率。

（四）增进跨区域财政合作资金使用管理的规范化和透明化

一方面，通过立法的方式加强区域财政合作预算管理，制定并出台内容更具体、操作性更强的行政法规，规范环境保护财政资金的使用管理；另一方面，公开环境治理跨区域财政合作预算方案内容，拓宽社会公众参与表达利益诉求的渠道，确保跨区域财政合作资金使用的透明化。

二、构建区域财政合作支出体系

（一）协同环境治理跨区域专项资金支出

合理界定需要跨区域合作的环境保护事务，按照环境保护事务的内容和范围确定环境治理跨区域财政资金项目，突出环境保护财政资金的公共性，确保地方政府在一定程度上能够提供充足的环境治理专项资金。

（二）注重地区间人均环境保护支出的均衡

当前地方政府间用于公共环境保护投入的资源与地区人口数和经济发展水平存在明显不匹配[①]，地区间差异明显。由此，可以将区域人口总量与财政支出挂钩，根据人均环境保护财政支出确定环境治理跨区域财政合作中的财政支出规模，缩小地区间环境保护支出的差异。

---

① 陈志勇，辛冲冲. 中国公共环境支出非均衡性测度及评价［J］. 经济与管理研究，2017，38（10）：82－93.

（三）改进区域环境保护支出结构

我国当前环境治理财政支出项目主要包含环境保护管理事务、环境监测与监察、污染防治、工业企业结构调整、能源节约利用、污染减排、循环经济等14项，其中以污染治理、工业企业结构调整和节能减排为主，环境监测与监察、能源管理实务等方面支出偏少，偏重事中控制和事后处理，对于影响环境基本公共服务水平的环境基础设施建设等项目的支出还存在不足。因此，有必要改进区域环境保护支出结构，更加重视环境基础设施建设，将更多的财政资金用于环境恢复和保护，重视预防和基础，加强对环境治理全过程的控制。

（四）明确地方政府间财政支出的事权和支出责任

一方面，在地方政府能力范围内设定政府环境责任，增加政府在社会管理和公共服务等方面的投入，尤其是增加环境保护投入，扭转政府能力运用方向，进一步强化政府环境服务职责。另一方面，制定政府间事权和支出责任清单，以事权确定地方政府间财政支出责任，确立各地区明确但有分别的责任，体现地区差异与区域关系，确保跨区域财政合作的事权与支出责任能够适应环境治理的要求。

三、完善环境保护财政转移支付体系

规范化、弹性化的转移支付制度能够有效平衡地区之间财政能力的差距，解决地区之间的平衡发展问题。要完善环境保护财政转移支付体系可以从三方面努力。

（一）完善转移支付制度框架

一是要围绕基本公共服务均等化的短、中、长期目标，建立一般性转移支付的增长机制，减少总规模确定的随意性，提高基层政府公共服务提供能力；二是要建立科学合理的转移支付标准，结合地方经济发展水平、财政收支状况、主体功能区的定位、生态环境状况等因素确定财政转移支付的规模；三是要清理、整合、规范转移支付项目，清理不符合经济社会发展要求的转移支付项目，整合政策目标相近的项目，控制专项转移支付规模，减少地方资金配套；四是要建立有效的监督考评机制，完善转移支付绩效评价，推进转移支付信息公开，定期评估转移支付运行情况；五是要加快推进转移支付立法，增进转移支付制度的规范化和透明化，实现转移支付的法治化和公式化，降低地方政府间的协商谈判成本。

（二）中央财政加大转移支付力度

当前以经济增长为主要指标的政绩考核方式在很大程度上弱化了发达地区向欠发达地区转移支付的积极性。为此，中央财政可以通过将纵向转移支付额与横向转移支付金额配套的方式激励地方政府间的合作，通过"以奖代补"形式调动地方政府生态环境保护投入的积极性。此外，还应增加对生态环境保护与污染治理的转移支付，保障污染治理的经费。

（三）积极探索建立生态环境保护政府间横向转移支付制度

生态环境保护政府间横向转移支付能够有效缩小地方政府间财政能力差距，减轻欠发达地区政府和中央政府的财政压力，充分调动各方加强环境保护和污染治理的自主性与积极性，避免由于政府职责缺位、事权不分而导致生态服务供给不足。从我国情况来看，现行横向转移支付以对口支援和生态补偿为主，然而，两种方式既没有得到法律法规的正式确立，又缺乏有效的绩效评估与监督，从而导致财政资源的配置系效率低下。为此，应当进一步明确横向转移支付推动地区间财政均衡和公共服务均等化、外溢性公共产品成本内部化的目标定位，建立有效的监督考评机制和激励机制，保障转移支付的顺利进行。此外，进一步完善生态补偿机制，建立"污染者付费"与"受益者付费"的激励机制，将中央"输血"转变为自觉"造血"，保证生态治理的长期性。

四、建立有效的监督约束机制

完备的监督约束机制是维系地方政府间财政合作的稳定性与长期性、协调性与高效性的重要手段。可以从三方面加以完善：第一，强化多元主体对环境合作的监督。在合作各方达成一致协议，明确相关责任和落实各自治理任务的基础上，强化多元主体对环境合作的监督。一方面，上级行政机关、环境治理跨区域合作机构可以通过行政督察、专项调查或执法检查督促各地方政府履行区域环境治理合作协议，对于违背合作治理原则的行为加以约束和惩治；另一方面，强化新闻媒体和社会公众的监督，及时公开环境信息，提高公众参与意识，维护和促进环境治理跨区域合作。第二，完善对生态环境保护财政支出项目预算的全过程监管机制。建立环境保护项目支出全过程预算管理机制；整合现行环境保护支出项目支出预算管理部门职能，实现预算编制、执行和监督相分离；完善相应的指标体系，将环境保护项目支出绩效考评的结果与项目立项审批、预算分配联系起来；健全相应法规制度，实现环境保护财政资金使用管理的规范化和透明化。第三，完善横向转移支付监督考评机制。对转移支付资金的确定、划拨和项目的运行进行动态监督，规制资金支付方与接收方的行为，确保转移支付规模和项目质量。

五、建立多元主体合作机制

环境治理跨区域合作不仅需要政府机构内部的合作，也需要其他相关利益主体之间的联合互动，逐步实现以政府为中心的单一环境治理主体向多元治理主体联合互动的方向转变，实现多管齐下、多元主体协作共治。完善的公众参与能够有效提升环境决策的科学性、公开性和透明度，保证环境政策的实施，推进生态文明进程。具体而言，可以从三方面努力：一是提高社会公众环境意识。积极开展环境教育，培育环境文化、生态文化，唤醒社会公众环保意识，提高其参与环境保护的积极性，促使其树立良好的环境价值观。二是重视规范和参与程序的确立。完善相关法律法规，通过制度化的规定保证其他主体参与环境保护流程的完整性，建立全过程参与机制，实现环境决策的民主化和科学化，保障参与结果的有效性。三是建立科学合理的环保监管公众参与机制。建立环境信息公开的法律制度，拓宽公众参与环保监管的范围和渠道，通过完善知情权、参与权和监督权三方面提高公众参与环保监管的积极性，建立科学合理的环保监管公众参与机制。

参考文献

[1] 柏必成. 我国运动式治理的发生机制：一个宏观层面的分析框架 [J]. 学习论坛, 2016, 32 (07)：49 – 53.

[2] 边晓慧, 张成福. 府际关系与国家治理：功能、模型与改革思路 [J]. 中国行政管理, 2016 (05)：14 – 18.

[3] 财政部驻湖南专员办课题组. 论项目支出预算全过程监管模式的构建 [J]. 财政监督, 2008 (01)：36 – 38.

[4] 蔡岚. 缓解地方政府合作困境的合作治理框架构想——以长株潭公交一体化为例 [J]. 公共管理学报, 2010, 7 (04)：31 – 38.

[5] 蔡岚. 空气污染治理中的政府间关系——以美国加利福尼亚州为例 [J]. 中国行政管理, 2013 (10)：96 – 100.

[6] 蔡岚. 我国地方政府间合作困境研究述评 [J]. 学术研究, 2009 (09)：50 – 56.

[7] 蔡立辉, 龚鸣. 整体政府：分割模式的一场管理革命 [J]. 学术研究, 2010 (05)：33 – 42.

[8] 蔡延东. 从政府危机管理到危机协同治理的路径选择 [J]. 党政视野, 2011, 12 (11)：31 – 35.

[9] 初钊鹏, 刘昌新, 朱婧. 基于集体行动逻辑的京津冀雾霾合作治理演化博弈分析 [J]. 中国人口·资源与环境, 2017, 27 (09)：56 – 65.

[10] 曾鹏. 论从行政区行政到区域合作行政及其法治保障 [J]. 暨南学报 (哲学社会科学版), 2012, 34 (05)：16 – 23.

[11] 曾维和. 协作性公共管理：西方地方政府治理理论的新模式 [J]. 华中科技大学学报 (社会科学版), 2012, 26 (01)：49 – 55.

[12] 陈明艺, 裴晓东. 我国环境治理财政政策的效率研究——基于 DEA 交叉评价分析 [J]. 当代财经, 2013 (04)：27 – 36.

［13］陈瑞莲，刘亚平．泛珠三角区域政府的合作与创新［J］.学术研究，2007（01）：42 - 50.

［14］陈祥有．我国生态补偿资金的财政绩效评估［J］.中南财经政法大学学报，2014（03）：66 - 71.

［15］陈振明．公共管理学原理［M］.北京：中国人民大学出版社，2006.

［16］成为杰．区域合作的系统耦合模型及现实分析［J］.华北电力大学学报（社会科学版），2011（06）：35 - 40.

［17］陈志勇，辛冲冲．中国公共环境支出非均衡性测度及评价［J］.经济与管理研究，2017，38（10）：82 - 93.

［18］曹国志，王金南，曹东，等．关于政府环境绩效管理的思考［J］.中国人口·资源与环境，2010，20（117）：221 - 224.

［19］曹颖，曹东．中国环境绩效评估指标体系和评估方法研究［J］.环境保护，2008（14）：36 - 38.

［20］邓宏兵．我国国际河流的特征及合作开发利用研究［J］.世界地理研究，2000（02）：93 - 98.

［21］丁菊红．我国政府间事权与支出责任划分问题研究［J］.财会研究，2016（07）：10 - 13.

［22］董秀海，胡颖廉，李万新．中国环境治理效率的国际比较和历史分析——基于 DEA 模型的研究［J］.科学学研究，2008，26（06）：1221 - 1230.

［23］杜群．长江流域水生态保护利益补偿的法律调控［J］.中国环境管理，2017，9（03）：30 - 36.

［24］段铸，王雪祺．京津冀经济圈财政合作的逻辑与路径研究［J］.财经论丛（浙江财经大学学报），2014，182（06）：31 - 37.

［25］樊根耀．我国环境治理制度创新的基本取向［J］.求索，2004（12）：115 - 117.

［26］樊明．市场经济条件下区域均衡发展问题研究［J］.经济经纬，2006（02）：73 - 76.

［27］方如康．环境学词典［M］.北京：科学出版社，2003.

［28］傅聪．欧盟应对气候变化治理研究［D］.北京：中国社会科学院研

究生院，2010.

[29] 甘黎黎. 我国环境治理的政策工具及其优化 [J]. 江西社会科学，2014（06）：199 – 204.

[30] 高萍. 开征碳税的必要性、路径选择与要素设计 [J]. 税务研究，2011（01）：50 – 54.

[31] 巩潇泫. 多层治理视角下欧盟气候政策决策研究 [D]. 济南：山东大学，2017.

[32] 谷松. 区域合作中的地方府际间利益解读及协调对策 [J]. 廊坊师范学院学报（社会科学版），2012，28（06）：88 – 91.

[33] 官永彬. 基于 DEA 模型的我国地方政府环境保护支出效率评价 [J]. 重庆师范大学学报（哲学社会科学版），2015，（04）：73 – 80.

[34] 管鹤卿，秦颖，董战峰. 中国综合环境经济核算的最新进展与趋势 [J]. 环境保护科学，2016，42（02）：22 – 28.

[35] 郭国峰，郑召锋. 基于 DEA 模型的环境治理效率评价——以河南为例 [J]. 经济问题，2009（01）：48 – 51.

[36] 郭志仪，郑周胜. 地方政府、利益补偿与区域经济整合 [J]. 经济问题，2010（08）：31 – 35.

[37] 韩从容. 新农村环境社区治理模式研究 [J]. 重庆大学学报（社会科学版），2009，15（06）：108 – 112.

[38] 韩珺. 中国环境治理存在的问题及对策 [J]. 中国人口·资源与环境，2007，17（06）：153 – 154.

[39] 韩志明，刘璎. 京津冀地区公民参与雾霾治理的现状与对策 [J]. 天津行政学院学报，2016，18（05）：33 – 39.

[40] 何颖. 我国政府职能转变问题的反思 [J]. 行政论坛，2010，17（04）：35 – 38.

[41] 何渊. 州际协定——美国的政府间协调机制 [J]. 国家行政学院学报，2006（02）：88 – 91.

[42] 胡佳. 跨行政区环境治理中的地方政府协作研究 [D]. 上海：复旦大学，2011.

[43] 胡小飞. 生态文明视野下区域生态补偿机制研究 [D]. 南昌：南昌大学，2015.

[44] 胡艳，吴振鹏.中国区域环境治理投资效率的实证分析——以 28 个省市（地区）为例 [J].当代经济研究，2013（05）：39-44.

[45] 华国庆.试论财政法视野下的我国区域合作 [J].安徽大学法律评论，2009（02）：16-30.

[46] 黄爱宝.论走向后工业社会的环境合作治理 [J].社会科学，2009（03）：3-10.

[47] 黄德春，华坚，周燕萍.长三角跨界水污染治理机制研究 [M].南京：南京大学出版社，2010.

[48] 黄菁，陈霜华.环境污染治理与经济增长：模型与中国的经验研究 [J].南开经济研究，2011（01）：142-152.

[49] 黄滔.淮河流域环境与发展问题整体性治理研究 [J].理论月刊，2013（12）：169-171.

[50] 黄韬.财税政策治理环境污染的动态博弈分析 [D].北京：中央财经大学，2015.

[51] 金太军.从行政区行政到区域公共管理——政府治理形态嬗变的博弈分析 [J].中国社会科学，2007（06）：53-65.

[52] 姬兆亮，戴永翔，胡伟.政府协同治理：中国区域协调发展协同治理的实现路径 [J].西北大学学报（哲学社会科学版），2013，43（02）：122-126.

[53] 姜丙毅，庞雨晴.雾霾治理的政府间合作机制研究 [J].学术探索，2014（07）：15-21.

[54] 姜仁良，李晋威，王瀛.美国、德国、日本加强生态环境治理的主要做法及启示 [J].城市，2012（03）：71-74.

[55] 金波.区域生态补偿机制研究 [D].北京：北京林业大学，2010.

[56] 孔德帅.区域生态补偿机制研究 [D].北京：中国农业大学，2017.

[57] 孔娜，庄士成，汤建光.长三角区域合作：基于"合作理性"的动力分析与思考 [J].经济问题探索，2012（04）：40-43.

[58] 寇明风.政府间事权与支出责任划分研究述评 [J].地方财政研究，2015（05）：29-33.

[59] 匡立余，黄栋.利益相关者与城市生态环境的共同治理 [J].中国

行政管理，2006，（08）：48－51.

[60] 李怀恩，肖燕，党志良. 水资源保护的发展机会损失评价 ［J］. 西北大学学报（自然科学版），2010，40（02）：339－342.

[61] 李惠茹，丁艳如. 京津冀生态补偿核算机制构建及推进对策 ［J］. 宏观经济研究，2017（04）：148－155.

[62] 李礼，孙翊锋. 生态环境协同治理的应然逻辑、政治博弈与实现机制 ［J］. 湘潭大学学报（哲学社会科学版），2016，40（03）：24－29.

[63] 李敏. 基于碳汇交易视角对国有林场森林环境资产的生态补偿研究 ［J］. 农业与技术，2012（03）：134－134.

[64] 李名升，张建辉，梁念，等. 常用水环境质量评价方法分析与比较 ［J］. 地理科学进展，2012，31（05）：617－624.

[65] 李万慧. 中国财政转移支付制度优化研究 ［M］. 北京：中国社会科学出版社，2011.

[66] 李文华，刘某承. 关于中国生态补偿机制建设的几点思考 ［J］. 资源科学，2010，32（05）：791－796.

[67] 李永亮. "新常态"视阈下府际协同治理雾霾的困境与出路 ［J］. 中国行政管理，2015（09）：32－36.

[68] 李正升. 从行政分割到协同治理：我国流域水污染治理机制创新 ［J］. 学术探索，2014（09）：57－61.

[69] 林江，江智婷. 泛珠三角区域整合中的地方财政支出政策研究 ［J］. 经济与管理评论，2008，24（06）：143－154.

[70] 林美萍. 环境善治：我国环境治理的目标 ［J］. 重庆工商大学学报（社会科学版），2010，27（02）：88－91.

[71] 林民书，刘名远. 区域经济合作中的利益分享与补偿机制 ［J］. 财经科学，2012（05）：62－70.

[72] 林尚立. 国内政府间关系 ［M］. 杭州：浙江人民出版社，1998.

[73] 林涛. 排污权交易制度中的价格研究 ［J］. 工业技术经济，2010，29（11）：80－84.

[74] 刘伯龙，袁晓玲. 中国省际环境质量动态综合评价及收敛性分析：1996—2012 ［J］. 西安交通大学学报（社会科学版），2015，35（04）：32－40.

[75] 刘昌黎. 中日环境合作的现状、问题与对策 [J]. 日本研究, 2012 (03): 3-9.

[76] 刘春腊, 刘卫东, 徐美. 基于生态价值当量的中国省域生态补偿额度研究 [J]. 资源科学, 2014, 36 (01): 148-155.

[77] 刘桂环, 文一惠, 谢婧, 等. 完善国家主体功能区框架下生态保护补偿政策的思考 [J]. 环境保护, 2015, 43 (23): 39-42.

[78] 刘桂环, 张惠远, 万军, 等. 京津冀北流域生态补偿机制初探 [J]. 中国人口·资源与环境, 2006, 16 (04): 120-124.

[79] 刘纪山. 基于 DEA 模型的中部六省环境治理效率评价 [J]. 生产力研究, 2009 (17): 93-94.

[80] 刘京焕, 陈志勇, 李景友. 财政学原理 [M]. 北京: 高等教育出版社, 2011.

[81] 刘强, 彭晓春, 周丽璇. 巴西生态补偿财政转移支付实践及启示 [J]. 地方财政研究, 2010 (08): 76-79.

[82] 刘伟忠. 我国地方政府协同治理研究 [D]. 济南: 山东大学, 2012.

[83] 刘伟忠. 协同治理的价值及其挑战 [J]. 江苏行政学院学报, 2012 (05): 113-117.

[84] 刘晓峰, 刘祖云. 区域公共品供给中的地方政府合作: 角色定位与制度安排 [J]. 贵州社会科学, 2011 (01): 43-47.

[85] 刘效仁. 淮河治污: 运动式治理的败笔 [J]. 生态经济, 2004 (08): 25-25.

[86] 刘洋, 万玉秋. 跨区域环境治理中地方政府间的博弈分析 [J]. 环境保护科学, 2010, 36 (01): 34-36, 56.

[87] 刘祖云. 政府间关系: 合作博弈与府际治理 [J]. 学海, 2007 (01): 79-87.

[88] 龙朝双, 王小增. 我国地方政府间合作动力机制研究 [J]. 中国行政管理, 2007 (06): 65-68.

[89] 楼继伟. 中国政府间财政关系再思考 [M]. 北京: 中国财政经济出版社, 2013.

[90] 楼宗元. 京津冀雾霾治理的府际合作研究 [D]. 武汉: 华中科技大

学，2015.

[91] 卢洪友，祁毓. 我国环境保护财政支出现状评析及优化路径选择 [J]. 环境保护，2012 (17)：28 - 31.

[92] 卢洪友，田丹. 中国财政支出对环境质量影响的实证分析 [J]. 中国地质大学学报（社会科学版），2014，14 (04)：44 - 51.

[93] 卢洪友，张楠. 政府间事权和支出责任的错配与匹配 [J]. 地方财政研究，2015 (05)：4 - 10.

[94] 罗冬林. 区域大气污染地方政府合作网络治理机制研究 ——以江西省为例 [D]. 南昌：南昌大学，2015.

[95] 罗许生. 从运动式执法到制度性执法 [J]. 重庆社会科学，2005 (07)：89 - 92.

[96] 骆毅，王国华. "开放政府" 理论与实践对中国的启示——基于社会协同治理机制创新的研究视角 [J]. 江汉学术，2016，35 (02)：113 - 122.

[97] 吕建华，高娜. 整体性治理对我国海洋环境管理体制改革的启示 [J]. 中国行政管理，2012 (05)：19 - 22.

[98] 吕少威. 第十一届中日节能环保综合论坛在日本东京举行 [EB/OL]. (2017 - 12 - 24) [2018 - 5 - 24]. http://www.chinanews.com/gn/2017/12 - 24/8408043. shtml.

[99] 吕志奎，孟庆国. 公共管理转型：协作性公共管理的兴起 [J]. 学术研究，2010 (12)：31 - 37.

[100] 吕志奎. 州际协议：美国的区域协作管理机制 [J]. 太平洋学报，2009 (08)：57 - 70.

[101] 吕志贤，李元钊，李佳喜. 湘江流域生态补偿系数定量分析 [J]. 中国人口·资源与环境，2011，21 (127)：451 - 454.

[102] 马立顺. 运动式行政执法的治理困境与改革对策 [J]. 成都行政学院学报，2012 (1)：39 - 42.

[103] 马建平. 我国区域环境治理水平差异及影响因素分析 [J]. 环境与可持续发展，2012，37 (03)：90 - 94.

[104] 马强，秦佩桓，白钰，等. 我国跨行政区域环境管理协调机制建设的策略研究 [J]. 中国人口·资源与环境，2008，18 (05)：133 - 138.

［105］马学广，王爱民，闫小培．从行政分权到跨域治理：我国地方政府治理方式变革研究［J］.地理与地理信息科学，2008，24（01）：53－59.

［106］马中，蓝虹．建立环境财政是我国发展市场经济的必然选择［J］.环境保护，2004（11）：44－47.

［107］欧阳恩钱．多中心环境治理制度的形成及其对温州发展的启示［J］.中南大学学报（社会科学版），2006，12（01）：47－51.

［108］潘竟虎．甘肃省区域生态补偿标准测度［J］.生态学杂志，2014，33（12）：3286－3294.

［109］潘小娟，余锦海．地方政府合作的一个分析框架——基于永嘉与乐清的供水合作［J］.管理世界，2015（07）：172－173.

［110］彭和平，竹立家．国外公共行政理论精选［M］.北京：中共中央党校出版社，1997.

［111］彭彦强．基于行政权力分析的中国地方政府合作研究［D］.天津：南开大学，2010.

［112］戚学祥．我国环境治理的现实困境与突破路径——基于中央与地方关系的视角［J］.党政研究，2017（06）：115－121.

［113］乔德中，任维德．地方政府间区域合作共识达成的话语交往逻辑［J］.广东行政学院学报，2014（02）：72－78.

［114］乔花云，司林波，彭建交，等．京津冀生态环境协同治理模式研究——基于共生理论的视角［J］.生态经济（中文版），2017，33（06）：151－156.

［115］乔永平．生态文明建设协同系统的构成研究［J］.生态经济（中文版），2015，31（11）：180－184.

［116］乔越．运动式执法的行政管理价值与困境的研究［J］.经贸实践，2016（01）：306.

［117］秦长江．协作性公共管理：国外公共行政理论的新发展［J］.上海行政学院学报，2010，11（01）：103－109.

［118］祁毓，卢洪友，吕翅怡．社会资本、制度环境与环境治理绩效——来自中国地级及以上城市的经验证据［J］.中国人口·资源与环境，2015，25（12）：45－52.

［119］荣敬本，高新军，杨冬雪，等．从压力型体制向民主合作体制的

转变 [M].北京：中央编译出版社，1998.

[120] 任泽涛，严国萍.协同治理的社会基础及其实现机制——一项多案例研究 [J].上海行政学院学报，2013，14（05）：71-80.

[121] 任泽涛.社会协同治理中的社会成长、实现机制及制度保障 [D].杭州：浙江大学，2013.

[122] 申剑敏.跨域治理视角下的长三角地方政府合作研究 [D].上海：复旦大学，2013.

[123] 宋敏.生态补偿机制建立的博弈分析 [J].学术交流，2009（05）：83-87.

[124] 苏明，刘军民，张洁.促进环境保护的公共财政政策研究 [J].财政研究，2008（07）：20-33.

[125] 谭斌，王丛霞.多元共治的环境治理体系探析 [J].宁夏社会科学，2017（06）：101-103.

[126] 谭晓.跨政府网络理论与欧盟多层级环境治理机制研究 [D].上海：上海国际问题研究所，2009.

[127] 谭学良.整体性治理视角下的政府协同治理机制 [J].学习与实践，2014（04）：76-83.

[128] 谭志雄，张阳阳.财政分权与环境污染关系实证研究 [J].中国人口·资源与环境，2015，25（04）：110-117.

[129] 唐丽萍.我国地方政府竞争中的地方治理研究 [D].上海：复旦大学，2007.

[130] 陶国根.生态文明建设中协同治理的困境与超越——基于利益博弈的视角 [J].桂海论丛，2014（03）：104-107.

[131] 陶敏.我国环境治理投资效率评价研究 [J].技术经济与管理研究，2011（09）：89-92.

[132] 滕飞.竞争、监督、共赢——构建利于区域环境治理的新型政府间关系 [J].现代经济信息，2009（19）：20-21.

[133] 田丰.论美国州际河流污染的合作治理模式 [J].武汉科技大学学报（社会科学版），2013，15（04）：430-441.

[134] 田民利.我国现行环境税费制度缺失原因分析及对策建议 [J].财政研究，2010（12）：56-58.

［135］田培杰.协同治理概念考辨 ［J］.上海大学学报（社会科学版），2014，31（01）：124-140.

［136］涂晓芳，黄莉培.基于整体政府理论的环境治理研究 ［J］.北京航空航天大学学报（社会科学版），2011，24（04）：1-6.

［137］田勇."廊坊共识"揭开燕赵整合序幕——访河北省省长季允石 ［J］.中国改革，2004（07）：17-21.

［138］万长松，李智超.京津冀地区环境整体性治理研究 ［J］.河北科技师范学院学报（社会科学版），2014，13（03）：6-8，14.

［139］汪泽波，王鸿雁.多中心治理理论视角下京津冀区域环境协同治理探析 ［J］.生态经济，2016，32（06）：157-163.

［140］王宝顺，刘京焕.中国地方城市环境治理财政支出效率评估研究 ［J］.城市发展研究，2011，18（04）：71-76.

［141］王佃利，任宇波.区域公共物品供给视角下的政府间合作机制探究 ［J］.中国浦东干部学院学报，2009（04）：103-107.

［142］王福波，夏进文.公共财政支出视角下城乡公共产品供给均等化的对策研究 ［J］.中国行政管理，2014（12）.

［143］王家庭，曹清峰.京津冀区域生态协同治理：由政府行为与市场机制引申 ［J］.改革，2014（05）：116-123.

［144］王金南，董战峰，程翠云，等.建立国家环境质量改善财政激励机制 ［J］.环境保护，2016，44（05）：37-40.

［145］王金南，万军，张惠远.关于我国生态补偿机制与政策的几点认识 ［J］.环境保护，2006（10a）：24-28.

［146］王丽，刘京焕.区域协同发展中地方财政合作诉求的逻辑机理探究 ［J］.学术论坛，2015，38（02）：48-51.

［147］王丽.地方财政合作与区域协同发展研究——以京津冀区域为例 ［D］.武汉：中南财经政法大学，2016.

［148］王丽丽，刘琪聪.区域环境治理中的地方政府合作机制研究 ［J］.大连理工大学学报（社会科学版），2014（03）：113-118.

［149］王洛忠，丁颖.京津冀雾霾合作治理困境及其解决途径 ［J］.中共中央党校学报，2016，20（03）：74-79.

［150］王敏，胡汉宁.财政竞争对中国环境质量的影响机理及对策研究

［J］.中国人口·资源与环境，2015（10）：164－169.

　　［151］王培智，商洋.社会协同治理困境的探究［J］.理论探讨，2016（04）：27－30.

　　［152］王树华.长江经济带跨省域生态补偿机制的构建［J］.改革，2014（06）：32－34.

　　［153］王友明.巴西环境治理模式及对中国的启示［J］.当代世界，2014（09）：58－61.

　　［154］王玉明.珠三角城市间环境合作治理机制的构建［J］.城市，2011，23（03）：62－68.

　　［155］王昱.区域生态补偿的基础理论与实践问题研究［D］.长春：东北师范大学，2009.

　　［156］王志芳，张海滨.新常态下中国在东北亚大气污染环境合作中的策略选择［J］.东北亚论坛，2015，24（03）：94－103，128.

　　［157］王资峰.中国流域水环境管理体制研究［D］.北京：中国人民大学，2010.

　　［158］王宗涛.地方政府间财税关系法治化研究——以地方政府间的财税合作为例［J］.福建行政学院学报，2012（03）：64－71.

　　［159］魏铭亮.谈流域治理中的地方政府间合作［J］.怀化学院学报，2014（04）：57－59.

　　［160］吴春梅，庄永琪.协同治理：关键变量、影响因素及实现途径［J］.理论探索，2013（03）：73－77.

　　［161］吴坚.跨界水污染多中心治理模式探索——以长三角地区为例［J］.开发研究，2010，147（02）：90－93.

　　［162］吴群河，牛红义.外部性理论与我国流域水环境管理的探讨［J］.人民长江，2005，36（01）：7－8.

　　［163］习近平：控PM2.5要压减燃煤、严格控车［EB/OL］.（2014－02－26）［2018－05－10］.http：//news.ifeng.com/mainland/special/xjp-shichabeijing/content－3/detail_2014_02/26/34218102_0.shtml

　　［164］肖建华，邓集文.多中心合作治理：环境公共管理的发展方向［J］.林业经济问题，2007，27（01）：49－53.

　　［165］谢庆奎.中国政府的府际关系研究［J］.北京大学学报：哲学社

会科学版，2000（01）：26-34.

［166］徐大伟，李斌．基于倾向值匹配法的区域生态补偿绩效评估研究［J］.中国人口·资源与环境，2015，25（03）：34-42.

［167］徐双敏，宋元武．协同治理视角下的县域社会治理创新路径研究［J］.学习与实践，2014（09）：69-76.

［168］徐宛笑．武汉城市圈府际关系研究［D］.武汉：华中科技大学，2012.

［169］闫文娟，钟茂初．中国式财政分权会增加环境污染吗［J］.财经论丛，2012，165（03）：32-37.

［170］颜佳华，吕炜．协商治理、协作治理、协同治理与合作治理概念及其关系辨析［J］.湘潭大学学报（哲学社会科学版），2015，39（02）：14-18.

［171］燕继荣．协同治理：社会管理创新之道——基于国家与社会关系的理论思考［J］.中国行政管理，2013（02）：58-61.

［172］阳东辰．公共性控制：政府环境责任的省察与实现路径［J］.现代法学，2011，33（02）：72-81.

［173］杨龙，郑春勇．地方政府间合作组织的权能定位［J］.学术界，2011（10）：18-25.

［174］杨林霞．近十年来国内运动式治理研究述评［J］.理论导刊，2014（05）：77-80.

［175］杨雪冬．压力型体制：一个概念的简明史［J］.社会科学，2012（11）：4-12.

［176］杨妍，孙涛．跨区域环境治理与地方政府合作机制研究［J］.中国行政管理，2009（01）：66-69.

［177］杨永生，许新发，李荣昉．鄱阳湖流域水量分配与水权制度建设研究［M］.北京：中国水利水电出版社，2011.

［178］杨志安，邱国庆．区域环境协同治理中财政合作逻辑机理、制约因素及实现路径［J］.财经论丛（浙江财经大学学报），2016，208（06）：29-37.

［179］叶大凤．协同治理：政策冲突治理模式的新探索［J］.管理世界，2015（06）：172-173.

［180］叶敏．从政治运动到运动式治理——改革前后的动员政治及其理

论解读 [J].华中科技大学学报（社会科学版），2013，27（02）：75 - 81.

［181］易志斌.地方政府竞争的博弈行为与流域水环境保护 [J].经济问题，2011（01）：60 - 64.

［182］尹艳红.地方政府间公共服务合作的机制逻辑框架探析 [J].四川行政学院学报，2012（04）：5 - 8.

［183］于江，魏崇辉.多元主体协同治理：国家治理现代化之逻辑理路 [J].求实，2015（04）：63 - 69.

［184］于术桐，黄贤金，程绪水，等.流域排污权初始分配模式选择 [J].资源科学，2009，31（07）：1175 - 1180.

［185］于溯阳，蓝志勇.大气污染区域合作治理模式研究——以京津冀为例 [J].天津行政学院学报，2014（06）：57 - 66.

［186］于文豪.区域财政协同治理如何于法有据：以京津冀为例 [J].法学家，2015，1（01）：32 - 44.

［187］余光辉，陈莉丽，田银华，等.基于排污权交易的湘江流域生态补偿研究 [J].水土保持通报，2015，35（05）：159 - 163.

［188］余亮亮，蔡银莺.耕地保护经济补偿政策的初期效应评估——东、西部地区的实证及比较 [J].中国土地科学，2014，28（12）：16 - 23.

［189］余敏江.论区域生态环境协同治理的制度基础——基于社会学制度主义的分析视角 [J].理论探讨，2013（02）：13 - 17.

［190］俞可平.治理与善治 [M].北京：社会科学文献出版社，2000.

［191］俞可平.重构社会秩序 走向官民共治 [J].国家行政学院学报，2012（04）：4 - 5.

［192］俞雅乖.我国财政分权与环境质量的关系及其地区特性分析 [J].经济学家，2013，9（09）：60 - 67.

［193］张丙宣.支持型社会组织：社会协同与地方治理 [J].浙江社会科学，2012（10）：45 - 50.

［194］张成福，李昊城，边晓慧.跨域治理：模式、机制与困境 [J].中国行政管理，2012（03）：102 - 109.

［195］张贵，齐晓梦.京津冀协同发展中的生态补偿核算与机制设计 [J].河北大学学报（哲学社会科学版），2016，41（01）：56 - 65.

［196］张克中，王娟，崔小勇.财政分权与环境污染：碳排放的视角

[J].中国工业经济，2011（10）：65－75.

[197] 张康之.在历史的坐标中看信任——论信任的三种历史类型[J].社会科学研究，2005（01）：11－17.

[198] 张磊.中国式分权下的地方政府环保职能研究［D].长春：吉林大学，2014.

[199] 张鹏，张靳雪，崔峰.工业化进程中环境污染、能源耗费与官员晋升［J].公共行政评论，2017（05）：46－68.

[200] 张文明.多元共治——环境治理体系内涵与路径探析［J].行政管理改革，2017（02）：31－35.

[201] 张希，罗能生，李佳佳.税收负担与环境质量——基于中国省级面板数据的实证研究［J].求索，2014（07）：84－88.

[202] 张晓杰，赵可，娄成武.公众参与对环境质量的影响机理［J].城市问题，2017（04）：84－90.

[203] 张玉.财税政策的环境治理效应研究［M].北京：经济科学出版社，2014.

[204] 张彰.生态功能区财政补偿资金来源负担归属研究——基于微观经济学的博弈分析［J].中央财经大学学报，2016（11）：19－27.

[205] 张智新.京津冀一体化协同发展亟待新的突破［EB/OL].（2014－07－14）［2018－5－21］. http://opinion. people. com. cn/n/2014/0724/c1003－25334773. html.

[206] 赵国钦，宁静.京津冀协同发展的财政体制：一个框架设计［J].改革，2015（08）：77－83.

[207] 郑寰.跨域治理中的政策执行困境——以我国流域水资源保护为例［J].甘肃行政学院学报，2012（03）：17－25.

[208] 郑健.基于 AHP 模型的乌鲁木齐市大气环境质量评价研究［J].干旱区资源与环境，2013，27（11）：148－153.

[209] 郑巧，肖文涛.协同治理：服务型政府的治道逻辑［J].中国行政管理，2008（07）：48－53.

[210] 郑卫荣.政府治理视角下的公共服务协同治理［J].经营与管理，2010（06）：22－25.

[211] 郑文强，刘滢.政府间合作研究的评述［J].公共行政评论，

2014（06）：107 -128.

[212] 钟定胜.绿色国民经济核算的理论问题探讨 [J].中国软科学，2006（02）：74 -81.

[213] 中国财政科学研究院资源环境研究中心课题组，陈少强，程瑜，等.京津冀区域大气治理财税政策研究 [J].财政科学，2017（07）：46 -66，124.

[214] 钟华，姜志德，代富强.水资源保护生态补偿标准量化研究——以渭源县为例 [J].安徽农业科学，2008，36（20）：8752 -8754.

[215] 宗毅君，孙泽生.跨界水污染治理机制中的激励相容问题研究 [J].经济论坛，2008（10）：43 -45.

[216] 周黎安.中国地方官员的晋升锦标赛模式研究 [J].经济研究，2007（07）：36 -50.

[217] 周学荣，汪霞.环境污染问题的协同治理研究 [J].行政管理改革，2014（06）：33 -39.

[218] 周亚敏.欧盟在全球治理中的环境战略 [J].国际论坛，2016，18（06）：24 -29，77 -78.

[219] 朱浩，傅强，魏琪.地方政府环境保护支出效率核算及影响因素实证研究 [J].中国人口·资源与环境，2014，24（06）：91 -96.

[220] 朱珊，邵军义.我国环境治理政策研究 [J].生态经济（中文版），2008（03）：137 -139.

[221] 朱锡平.论生态环境治理的特征 [J].生态经济，2002（09）：48 -50.

[222] 庄贵阳，周伟铎，薄凡.京津冀雾霾协同治理的理论基础与机制创新 [J].中国地质大学学报（社会科学版），2017，17（05）：10 -17.

[223] 庄贵阳，薄凡.生态优先绿色发展的理论内涵和实现机制 [J].城市与环境研究，2017（01）：12 -24.

[224] 庄士成.长三角区域合作中的利益格局失衡与利益平衡机制研究 [J].当代财经，2010（09）：65 -69.

[225] 道格拉斯·C.诺思.制度、制度变迁与经济绩效 [M].杭行，译.上海：上海人民出版社，2008.

[226] 菲利普·库珀.二十一世纪的公共行政：挑战与改革 [M].王巧

玲，李文钊，译. 北京：中国人民大学出版社，2006.

　　[227] 曼瑟·奥尔森. 权利与繁荣 [M].苏长和，译. 上海：上海人民出版社，2005.

　　[228] 文森特·奥斯特罗姆. 美国地方政府 [M].井敏，陈幽泓，译. 北京：北京大学出版社，2004.

　　[229] 詹姆斯·E. 安德森. 公共决策 [M].唐亮，译. 北京：华夏出版社，1990.

　　[230] 詹姆斯·N. 罗西瑙. 没有政府的治理 [M].张胜军，刘小林，等，译. 南昌：江西人民出版社，2001.

　　[231] 詹姆斯·米特尔曼. 全球化综合征 [M].刘得手，译. 北京：新华出版社，2002.

　　[232] AGRANOFF R. Managing within the Matrix: Do Collaborative Intergovernmental Relations Exist? [J]. Publius, 2001, 31 (2): 31 – 56.

　　[233] BECK S, BORIE M, CHILVERS J, et al. Towards a reflexive turn in the governance of global environmental expertise. The cases of the IPCC and the IPBES [J]. Gaia: Okologische Perspektiven in Natur-, Geistes- und Wirtschaftswissenschaften, 2014, 23 (2): 80 – 87.

　　[234] CAO H, IKEDA S. Inter-zonal tradable discharge permit system to control water pollution in Tianjin, China. [J]. Environmental Science & Technology, 2005, 39 (13): 4692.

　　[235] COASE R. The Problem of Social Cost [J]. Journal of Law and Economics, 1960 (13): 1 – 44.

　　[236] DARIMANI A, AKABZAAT M, ATTUQUAYEFIOD K. Effective environmental governance and outcomes for gold mining in Obuasi and Birim North Districts of Ghana [J]. Mineral Economics, 2013, 26 (1 – 2): 47 – 60.

　　[237] GERMAIN M, TOINT P, TULKENS H, et al. Transfers to sustain dynamic core theoretic cooperation in international stock pollutant control [J]. Journal of Economic Dynamics and Control, 2004 (28): 79 – 99.

　　[238] HALKOS G E. Incomplete information in the Acid Rain Game [J]. Empirica, 1996 (23): 129 – 148.

　　[239] HALKOS G E. Optimal abatement of sulphur in Europe [J]. Environ-

mental and Resource Economics, 1994 (4): 127 – 150.

[240] HALKOS G E. Sulphur abatement policy: Implications of cost differentials [J]. Energy Policy, 1993 (1): 1035 – 1043.

[241] HAMILTON D K. Developing Regional Regimes: A Comparison of Two Metropolitan Areas [J]. Journal of Urban Affairs, 2004, 26 (4): 455 – 477.

[242] HOOGHE L, MARKS G. Delegation and pooling in international organizations [J]. Review of International Organizations, 2015, 10 (3): 305 – 328.

[243] HUNG M F, SHAW D. A trading-ratio system for trading water pollution discharge permits [J]. Journal of Environmental Economics & Management, 2005, 49 (1): 83 – 102.

[244] KNIGHT F N. Some Fallacies in the Interpretation of Social Cost [J]. Quarterly Journal of Economics, 1924, 37: 582 – 606.

[245] LEE S, THUZAR M. Regional environmental cooperation in EU and ASEAN: Lessons from two regions [R]. Institute for Security and Development Policy, 2011.

[246] LIEBERTHAL K, LAMPTON D M. Bureaucracy, politics, and decision making in post-Mao China [M]. University of California Press, 1992.

[247] MARKS G. Structural Policy and multilevel governance in the EC [J]. State of the European Union the Maastricht Debate & Beyond, 1993, 2.

[248] MARTINEAU D C, NADEAU S. Assessing the Effects of Public Participation Processes from the Point of View of Participants: Significance, Achievements, and Challenges [J]. The Forestry Chronisle, 2010 (6): 753 – 765.

[249] MATTHIES B D, KALLIOKOSKI T, EKHOLM T, et al. Risk, reward, and payments for ecosystem services: A portfolio approach to ecosystem services and forestland investment [J]. Ecosystem Services, 2015 (16): 1 – 12.

[250] Meade J E. External Economies and Diseconomies in a Competitive Situation [J]. Economic Journal. 1952 (62): 54 – 67.

[251] MUSHKAT R. Creating Regional Environmental Governance Regimes: Implications of Southeast Asian Responses to Transboundary Haze Pollution [J]. Diabetes Care, 2012, 36 (6): 1501 – 6.

[252] NAJAM A, CHRISTOPOULOU I, MOOMAW W. The Emergent "System" of Global Environmental Governance [J]. Global Environmental Politics, 2004, 4 (4): 23 –35.

[253] OSTROM E. Governing the commons: The evolution of institutions for collective action [M]. 1990.

[254] PARK J W, KIM C U, Isard W. Permit allocation in emissions trading using the Boltzmann distribution [J]. Physica A Statistical Mechanics & Its Applications, 2011, 391 (20): 4883 –4890.

[255] PAUL A. The Pure Theory of Public Expenditures [J]. Review of Economics and Statistics, 1954, 36 (4): 387 –389.

[256] PERRI6, LEAT D, SELTZER K, et al. Towards holistic governance: the new reform agenda [M]. 2002.

[257] POTOSKI M, PRAKASH A. The regulation dilemma: cooperation and conflict in environmental governance [J]. Public Administration Review, March/ April 2004 (2): 152 –163.

[258] POUMANYVONG P, KANEKO S. Does Urbanization Lead to Less Energy Use and Lower CO_2 Emissions? A Cross-Country Analysis [J]. Ecological Economics, 2010 (2): 434 –444.

[259] PUTNAM R D. The prosperous community: social capital and public life [J]. American Prospect, 1993 (13): 35 –42.

[260] RAVNBORG M H, LARSEN K R, VILSEN L J, et al. Environmental governance and development cooperation: achievements and challenges [R]. Danish Institute for International Studies, 2013.

[261] SAATY T L. The analytical hierarely process: Planning priority setting, resource allocation. [M]. New York, McGraw-Hill Inc, 1980.

[262] SANDLER T. Public goods and regional cooperation for development: a new look. Integration and Trade, 2013 (36): 13 –24.

[263] SANG M K, KIM M S, LEE M. The trends of composite environmental indices in Korea [J]. Journal of Environmental Management, 2002, 64 (2): 199 –206.

[264] SCHALCK C. Coordination of Fiscal Policies: A Necessary Step toward

a Fiscal Union [C].// CESifo Forum. Ifo Institute-Leibniz Institute for Economic Research at the University of Munich, 2012: 24 – 27.

[265] SCHOLTZ W. Co-operative Approaches to Environmental Governance [C] //Berlin Conference on the Human Dimensions of Global Environmental Change, "Greening of Policies-Interlinkages and Policy Integration", 3 – 4 December 2004.

[266] SCITOVSKY T. Two Concepts of External Economies [J]. The Journal of Political Economy, 1954 (62): 143 – 151.

[267] SCOTT N K. International environmental governance: Managing fragmentation through institutional connection [R]. Societies Conference: International Law in the New Era of Globalization, 2010.

[268] SCHROEDER L. Fiscal Federalism: Principles and Practice of Multi-Order Governance-By RobinBoadway and Anwar Shah [J]. Governance, 2010, 23 (3): 531 – 533.

[269] STIGLITZ J E. Capital Market Liberalization, Economic Growth, and Instability [J]. World Development, 2000, 28 (6): 1075 – 1086.

[270] TIŠMA S, PISAROVIÓ A, JURLIN K, Fiscal policy and environment: Green tax in Croatia [J]. Croatian International Relations Review , 2003: 189 – 197.

[271] TSAI T H. The impact of social capital on regional waste recycling [J]. Sustainable Development, 2010, 16 (1): 44 – 55.

[272] TOBLER W R. A computer movie simulating urban growth in the Detroit region [J]. EconomicGecgraphy, 1970, 46 (sup1): 234 – 240.

[273] WUNDER S. Payments for environmental services: some nuts and bolts [M]. 2005.

[274] ŽIŎKIENÉ S. Cooperation in environmental governance-a new tool for environment protection Progress [J]. The Economic Conditions of Enterprise Functioning. Engineering Economics, 2007 (53): 42 – 50.

图书在版编目（CIP）数据

我国环境治理跨区域财政合作机制研究／冯梦青著
. —北京：中国财政经济出版社，2022.3
ISBN 978 - 7 - 5223 - 1090 - 9

Ⅰ.①我… Ⅱ.①冯… Ⅲ.①环境综合整治－财政－
经济合作－研究－中国 Ⅳ.①X321.2

中国版本图书馆 CIP 数据核字（2022）第 018108 号

责任编辑：闫 娟 责任印制：刘春年
封面设计：陈宇琰 责任校对：徐艳丽

我国环境治理跨区域财政合作机制研究
WOGUO HUANJING ZHILI KUAQUYU CAIZHENG HEZUO JIZHI YANJIU

中国财政经济出版社 出版

URL：http：//www. cfeph. cn

E - mail：cfeph@ cfeph. cn

（版权所有 翻印必究）

社址：北京市海淀区阜成路甲 28 号 邮政编码：100142

营销中心电话：010 - 88191522

天猫网店：中国财政经济出版社旗舰店

网址：https：//zgczjjcbs. tmall. com

北京财经印刷厂印刷 各地新华书店经销

成品尺寸：170mm×240mm 16 开 10.5 印张 165 000 字

2022 年 3 月第 1 版 2022 年 3 月北京第 1 次印刷

定价：55.00 元

ISBN 978 - 7 - 5223 - 1090 - 9

（图书出现印装问题，本社负责调换，电话：010 - 88190548）

本社质量投诉电话：010 - 88190744

打击盗版举报热线：010 - 88191661 QQ：2242791300